AF453202

TOME III

ZOOLOGIE

L'Homme et les Animaux

DESTINÉ AUX CLASSES DE

SIXIÈME

CLASSIQUE ET MODERNE

PAR

E. LORQUET

Professeur [d'Histoire naturelle
au Lycée Montaigne

En Dépôt à Paris, à la Librairie Croville-Morant, rue de la Sorbonne, 20

LYON

ANCIENNE IMPRIMERIE A. WALTENER ET Cie
Paul LEGENDRE & Cie, Suces
14, rue Bellecordière, 14

1895

COURS DE SCIENCES NATURELLES

Tome I. — **Anatomie et Physiologie animales** : Cours élémentaire et cours de *Philosophie*.

Tome II. — **Botanique**. Vie des Végétaux : Grandes Familles ; Notions sur la culture, id. *(Presque épuisé)*.

Tome III. — **Zoologie** *. — L'Homme et les Animaux. Cours moyen : Classes de **Sixième**, classique et moderne.

Tome IV. — **Géologie** et **Botanique** *. Cours moyen. Classes de **Cinquième**, classique et moderne *(En Préparation)*.

Prix : 2 fr. le volume.

Tableaux. — 1º Classification zoologique ; Respiration et Circulation comparées. (Tableau bleu).

2º Classification botanique ; principales Familles (Tableau vert).

3º Tableaux et Cadres de Zoologie : distribution géographique des Vertébrés. Edité par **Ch. Delagrave** : 15, rue Soufflot.

En collaboration avec **M. Dolby** : **La Botanique Vulgarisée** : la **Feuille**, avec photographies colorées. Edité par la maison **Belin** : 52 rue de Vaugirard.

Avec *Photogravures* de la maison **Delaye**, rue Henri IV, Lyon.

Beaune, 5 août 1895.

Je publie deux nouveaux Tomes de mes Cours d'histoire naturelle. Les deux premiers, édités aussi à Lyon, s'adressaient surtout, mais non pas exclusivement, aux élèves de « Philosophie et de Centrale » que l'Université m'a confiés pendant 25 années, notamment aux lycées d'Aix, Ampère, Charlemagne, sans oublier mon cher Saint-Dié. Pour faciliter leur préparation aux baccalauréats « ès-lettres et restreint » j'avais intercalé, en plus grands caractères, le Cours Moyen que je professais alors à l'Ecole supérieure des Jeunes Filles de Lyon. Le plaisir m'a été donné, au lycée Janson, de retrouver, à trois ans d'intervalle, les mêmes élèves, satisfaits de se servir du même ouvrage. Cette fois je m'adresse exclusivement, dans le langage qui lui convient, au **Cours Moyen** *de Sixième et de Cinquième.*

Le premier devoir est de concilier les programmes avec le temps accordé. La moyenne est de 32 à 33 leçons d'une heure. Je publie donc ce que j'ai dit en 32 heures. Les points essentiels, que l'élève doit retenir, je les commente à plusieurs reprises : je fais naître l'occasion de les répéter, en espaçant ces répétitions que je sais indispensables. S'il faut que le jeune homme s'instruise un peu, il est encore plus essentiel de lui apprendre à aimer cette science, si attrayante quand on est jeune, si consolatrice quand on ne l'est plus. Il faut par dessus tout, que des leçons familières, imprégnées de bonne humeur, ouvrent son esprit et forment son jugement.

Quand la majorité de la Classe a, entre les mains, un guide aussi simple, que je nomme volontiers un Cahier d'Elève, elle renonce à sténographier, malgré lui, la parole du professeur. On peut faire deux fois plus de dessins, d'interrogations, de récits, de lectures : tous ces hors-d'œuvre dont vit un bon enseignement. Alors, au lieu d'être identiques, les cahiers

4

révèlent les tendances et le travail personnel. J'ai donné à titre d'indication quelques dessins, quelques étymologies, des tableaux, un choix de lectures. Je cite volontiers les noms des généraux de la Science, j'apprends à aimer nos gloires les plus pures : Cuvier, Buffon, de Jussieu, Lavoisier, Claude Bernard, Pasteur. Et si quelque élève, studieux avant l'âge, me demande d'avantage, je continuerai d'indiquer, comme par le passé, tel bon traité complet, que je sais, de tel savant professeur.

Je ne suis pas inquiet sur le sort de mes deux nouveaux petits volumes, car ils recevront bon accueil de quelques collègues, et ils m'ont été demandés souvent par des mères qui veulent rester le plus longtemps possible les répétiteurs de leurs enfants. Ce sera leur guide au milieu de la modeste bibliothèque qu'il convient de grouper autour du Petit Buffon illustré et des jolies pages du Fabuliste. Plusieurs livres de la Bibliothèque bleue des Merveilles sont excellents, le Fond de la Mer par Sonrel, l'Intelligence des Animaux, l'Amour maternel, etc. On peut emprunter au volumineux bagage de L. Figuier les pages remplies de bonne humeur, par exemple le « Connais-toi toi-même ! » J'aime le Cours professé par le regretté P. Bert aux Jeunes Filles. Quelques ouvrages, sur telle région, l'Australie, la Malaisie, sont recommandables quand la faune et la flore sont soignées. Et parfois, tel article de journal : certaines chroniques du Temps, sur la chasse ou sur le jardinage sont des bijoux.

Charbonnières (près Lyon), 8 septembre.   E. LORQUET.

Ire LEÇON

INTRODUCTION

La Zoologie est l'étude du règne animal : *zoon* animal, *logos* étude. Elle comprend l'homme et les bêtes. On examine d'abord comment ils vivent, en quoi consiste leur existence ; puis on étudie les principaux groupes, *races* humaines et grandes *familles* animales.

Avant tout, il faut distinguer l'animal de la plante, puisque tous deux sont des êtres vivants. L'animal est **sensible** et exécute des mouvements **volontaires**. La plante est privée de sensibilité et de volonté. Tandis que le végétal demeure immobile, insensible, sans initiative, attendant que l'eau et l'air lui apportent sa nourriture, l'animal est sensible aux influences extérieures ; il se déplace spontanément pour chercher sa nourriture et fuir ses ennemis ; il a beaucoup d'instinct inné et quelque intelligence que l'expérience augmente. Pour accomplir les fonctions de cette vie, dite « de *relation* » l'animal possède des organes qui lui sont spéciaux, car la plante en est privée : des nerfs, des muscles, des os, ou, à défaut d'os, des leviers mobiles, tels que la patte de l'araignée ou l'aile de l'insecte. Bref la sensibilité et le mouvement volontaire caractérisent les animaux.

II. — Sous d'autres rapports l'animal et la plante se ressemblent. Ils naissent d'être vivants auxquels ils ressemblent : ils sont produits par des *œufs* presque semblables ; ils se nourrissent pour former de nouveaux tissus et réparer leurs pertes ; ils possèdent des *organes* pour accomplir les fonctions de la vie. Ce sont des êtres organisés. Ils atteignent leur maturité, ils se reproduisent, s'affaiblissent, déclinent et meurent. Que d'analogies entre ces 2 sortes d'**êtres vivants** ; l'animal absorbe sa nourriture par son estomac, et la plante absorbe la sienne par ses racines et ses feuilles. Le sang du premier circule à travers ses veines, et la sève du végétal à travers ses vaisseaux. Tous deux ont des glandes qui produisent la salive et la bile de l'animal, le nectar et les essences des plantes. Tous deux respirent, absorbant l'*oxygène* de l'air : l'animal avec ses poumons, le végétal avec ses régions molles (sauf les feuilles pendant le jour).

Toutefois on peut dire que la digestion caractérise l'animal, tant cette fonction est relativement simple chez les plantes. C'est par elle que nous allons commencer l'étude de la vie dite « de **nutrition** ». L'homme nous servira de type. Nous étudierons d'abord chez lui les grandes fonctions, et il sera facile, ensuite, de comprendre les modifications principales présentées par les principaux groupes d'animaux.

Iʳᵉ FONCTION : LA DIGESTION

I. — La digestion transforme la nourriture en sang, et c'est le sang qui forme toutes choses en nous. Digérer les aliments, c'est donc les sanguifier : c'est transformer leur meilleure partie en un liquide capable de se mêler au sang. Nous mangeons pour entretenir notre corps, réparer ses pertes, former ses nouveaux tissus, et pour le faire fonctionner. La digestion s'accomplit dans un organe, le tube digestif, grâce au concours des dents, de plusieurs glandes, et des mouvements de ce tube.

Le **tube digestif** commence au fond de la bouche par un entonnoir, le *pharynx* ; il est d'abord assez étroit, *l'œsophage* ; il se renfle en une poche, l'**estomac** ; il se continue par *l'intestin grêle*, aux nombreux replis, 6 à 7ᵐ, encadrés par le *gros intestin*. Celui-ci ne reçoit que le résidu, inutile, qui ne peut pas devenir du sang. La viande est digérée surtout dans l'estomac et les végétaux dans l'intestin grêle (qui atteint 28 m. chez le mouton). La sortie de l'estomac est un anneau, **pylore** (porte) qui ne s'ouvre que lorsque le repas est tranformé en une bouillie grisâtre, le **chyme**. Au dessous du pylore débouchent les canaux de 2 grosses glandes, le canal du Foie déverse la bile, et le canal du Pancréas le suc pancréatique. Ces deux humeurs se mêlent à la bouillie et la transforment en un liquide laiteux, blanc, le **chyle**, capable de se mêler au sang.

Le tube digestif est formé par plusieurs tuniques. A l'intérieur, une tunique, criblée de petits vaisseaux sanguins qui la rendent rouge : c'est une *muqueuse* : elle se continue dans la bouche jusqu'aux lèvres. Une autre tunique est musculaire : c'est un muscle qui se contracte et se dilate, de sorte que le tube digestif exécute d'utiles mouvements de progression : l'estomac, tout particulièrement, se balance, par contractions, tant qu'il est rempli, ce qui contribue à mélanger les aliments, à les brasser, pour qu'ils deviennent une bouillie bien homogène : chyme.

II. — Pour être digérés, les aliments doivent être mâchés, avec soin, par nos 32 dents, et imbibés de 5 liquides sécrétés par

5 sortes de glandes. 1° Dans la bouche, les 3 paires de GLANDES SALIVAIRES, sécrètent la **salive** qui permet de goûter, de mâcher, d'avaler, et qui agit tout spécialement sur le pain et les farineux qu'elle transforme en sucre. 2° Dans l'estomac, des milliers de petites urnes, les GLANDES GASTRIQUES, sécrètent le **suc gastrique**, qui contribue à former le chyme, et qui digère plus particulièrement les aliments les plus nourrissants, la viande, l'œuf, le fromage, le gluten du pain, d'abord gonflés, tuméfiés, — puis liquéfiés, peptonisés. 3° Le FOIE est une énorme glande, brune, logée à droite : elle produit la **bile** ou **fiel :** ce liquide vert, amer, s'accumule dans un réservoir (*vésicule biliaire*) et il coule sur le chyme quand cette bouillie, ayant traversé le pylore, arrive dans l'intestin grêle. L'onctuosité de la bile est très favorable ; ce liquide combat les aigreurs ; il balaye l'intestin sans cesse rajeuni ; enfin il subdivise les graisses en fines parcelles, *émulsion blanche* qui rappelle l'état du beurre au sein du lait. 4° Le PANCRÉAS, glande double, sous l'estomac, déverse, par ses 2 canaux inégaux, le **suc pancréatique** : il possède les vertus des trois précédents liquides qu'au besoin il pourrait suppléer : car il transforme les fécules en sucre comme le fait la salive ; il liquéfie la viande et l'œuf comme le suc gastrique ; il subdivise les corps gras en une émulsion laiteuse, comme le fait la bile. 5° Le cinquième liquide, le **suc intestinal,** est sécrété par des millions de petites urnes qui tapissent l'intestin grêle, les GLANDES INTESTINALES. Il achève de séparer ce qui est digestible, assimilable, d'avec le résidu qui doit passer seul dans le gros intestin.

III.— **Incorporation au sang de la nourriture digérée.** — Une moitié des aliments et toutes les boissons se mélangent de suite au sang des **veines** qui tapissent l'estomac et l'intestin grêle. L'autre moitié, caractérisée par la présence des parcelles de graisse, constitue le **chyle :** elle doit, à cette émulsion grasse, sa blancheur de lait : elle pénètre à travers les replis veloutés de l'intestin dans des vaisseaux flexueux, irréguliers, renflés, les **chylifères.** Lorsqu'on est à jeun, ces tubes ne sont pas visibles, parce qu'ils ne renferment que de la lymphe jaunâtre, sorte de sang appauvri : la digestion leur communique l'éclatante blancheur du lait. C'est ainsi qu'ils furent découverts, en 1622, par Aselli (qui les cherchait) sur un animal immolé en pleine digestion. Le mélange de lymphe et de chyle traverse donc les *lymphatiques* de l'abdomen (devenus **chylifères**) : il coule lentement dans les renflements, les réservoirs, le *canal thoracique* qui remonte jusqu'à l'épaule gauche, et il s'incorpore au sang dans la veine qui passe sous la clavicule gauche (*V. sous-clavière G...*)

IIᵉ LEÇON

LA DIGESTION (*Suite*)

IV. — ALIMENTS. — Les aliments sont très compliqués puisqu'ils forment notre corps extrêmement compliqué. Le sang qui sert d'intermédiaire entre la nourriture et le corps renferme soixante substances indispensables. Toutefois on peut grouper en quatre catégories les principes alimentaires. 1ᵒ Les **principes réparateurs** servent, surtout, à entretenir les organes, réparer le corps ; ce sont donc les plus nourrissants : « Viande, sang, œuf, *caséine* du fromage, *gluten* du pain, *légumine* des légumes. Leur digestion est bien préparée dans l'estomac, car le suc gastrique agit plus spécialement sur eux. 2ᵒ Les

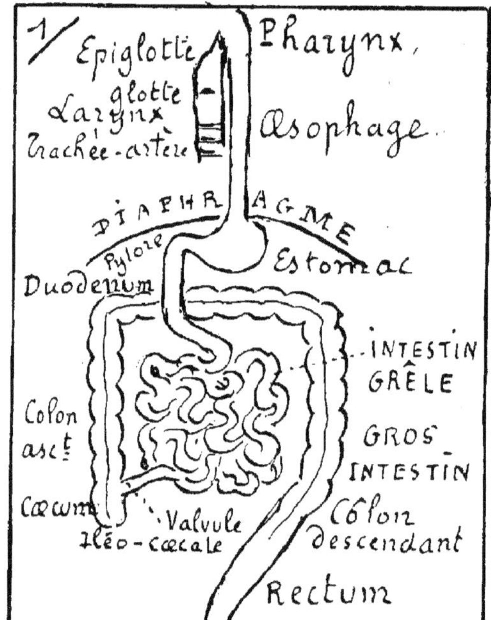

corps gras sont dits réchauffants, calorifiques, parce qu'ils entretiennent la chaleur du corps : graisse, beurre, huile. On en consomme davantage en hiver (charcuterie) et dans les pays froids (huile des êtres aquatiques). Ils sont subdivisés en fines parcelles par la bile et le suc du pancréas. 3ᵒ Suivant leur degré de finesse, les **farineux** ou **féculents** sont nommés *amidon* pain, riz, ou *fécule* (haricot, pomme de terre). La digestion les transforme moitié en sucre, et moitié en graisse. C'est pourquoi on s'abstient des farineux quand on craint l'obésité. On place ici le **sucre** et son dérivé l'**alcool**. Les boissons alcooliques sont des réchauffants dont on consomme davantage en hiver et dans les contrées du nord : vin, bière, cidre, liqueurs. Celles-ci ont une mauvaise influence sur les nerfs, surtout dans les pays chauds. 4° Les **principes minéraux** comprennent l'*eau* qui joue un rôle prépondérant puisque nos tissus en contiennent 80 % et *quelques* **sels** indispensables, renfermant un peu de *chaux* pour les os, de *phosphore* pour la cervelle, de fer pour les globules du sang, de soufre, d'iode, etc. C'est un des bons effets de la salade et des légumes verts que d'introduire dans notre organisation ces nombreux sels. Le plus important est le *sel de cuisine* qui fournit le chlore et la soude.

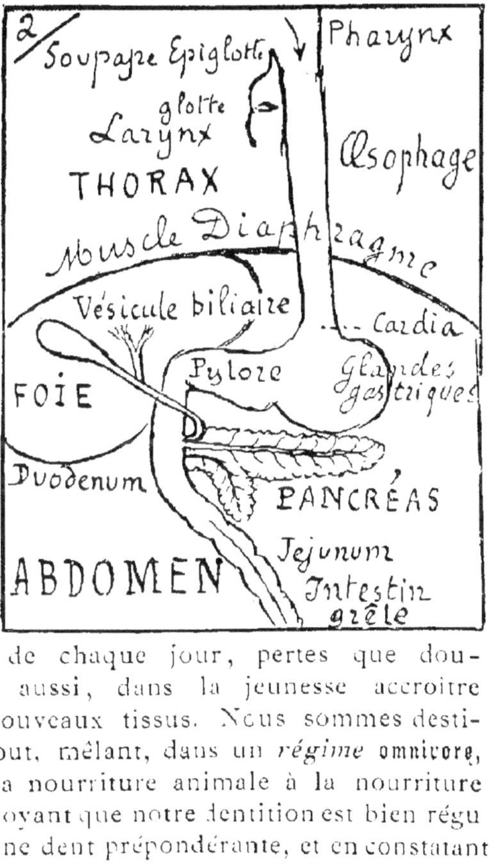

LAIT		ŒUF	
Caséine...	1	Albumines..	12
Beurre ...	4	Corps gras.	7
Sucre.....	5	Sels	2
Sels.......	1	Eau	79
Eau	86		
	100		100

VIANDE		PAIN	
Albumines..	16	Amidon ..	52
Gélatine..	6	Gluten....	12
Corps gras.	1	Corps gras.	1
Sels......	3	Sels	2
Eau	74	Eau	33
	100		100

V. — ALIMENTATION. — Elle doit former notre corps, l'entretenir et le faire fonctionner ; il faut qu'elle répare les pertes de chaque jour, pertes que double le travail. Elle doit aussi, dans la jeunesse accroitre le corps en formant de nouveaux tissus. Nous sommes destinés à manger un peu de tout, mélant, dans un *régime* omnivore, les viandes aux farineux, la nourriture animale à la nourriture végétale. On le devine en voyant que notre dentition est bien régulière, homogène, sans aucune dent prépondérante, et en constatant que la longueur de notre intestin est moyenne, 6 à 7 m., plus longue que chez les carnassiers, plus courte que chez les herbivores : tigre 4 m., mouton 28 m. En général, on mange 4 fois plus de pain et de légumes que de viande et œufs. La ration du soldat est de 285 gr. de viande, 200 gr. de légumes, 1 kilog de pain et 16 gr. de sel. Lorsque le bœuf ne travaille pas on lui donne, en foin, les 3 % de son poids et quand il laboure, on double cette ration, soit 6 %. Un seul aliment est « complet » renfermant dans de bonnes proportions les 4 genres de principes nutritifs et l'eau : c'est le lait, qui nous suffit pendant longtemps et qui réconforte le malade. L'œuf vient ensuite; mais il n'a pas assez de sucre, aussi lui en ajoute-t-on dans un grand nombre de mets. En associant le pain à la viande, on obtient le régime le plus réparateur, très nécessaire à l'ouvrier.

Bien que l'homme soit essentiellement *omnivore* on cite quelques exceptions : certaines peuplades du Nord, privées de végétaux, ne vivent que de la chair et l'huile des phoques et des poissons. Inversement, quelques peuples pasteurs des pays chauds, beaucoup d'Hindous, *végétariens*, s'abstiennent de toute viande.

VI. — ESTOMAC. — En 1825, un médecin américain, de Beaumont, prit à son service un soldat canadien dont l'estomac, percé d'une balle, était demeuré béant. Il constata que certains aliments, nommés légers, sont facilement digérés et quittent rapidement l'estomac (lait une heure, merlan une heure et demie ; œuf, poulet deux heures) tandis que les aliments « lourds » y séjournent longtemps : canard 3 heures, charcuterie 5 heures. Le degré de cuisson influe beaucoup : les rôtis saignants et l'œuf à la coque sont digérés plus vite que les œufs durs et la viande bouillie. En moyenne il faut trois heures pour que le chyme soit bien formé en bouillie grisâtre : il est surmonté d'une couche d'huile représentant les graisses fondues : il lui faut une demi-heure pour franchir le pylore.

Pour étudier le **suc gastrique**, on mêlait à la nourriture de certains animaux de petites éponges munies d'une ficelle. Puis on imagina de percer l'estomac d'un chien, d'installer dans la *fistule* une double boutonnière portant une poire de caoutchouc à robinet. Dès qu'on présente à l'animal son repas, le suc gastrique ruisselle dans l'estomac et peut être recueilli pur. En le versant sur de la viande hachée, on voit celle-ci se gonfler, se liquéfier en une albumine dite *peptone* : cette digestion artificielle s'opère dans une étuve ayant la température du corps, 40° environ. Les chiens s'habituent vite à ce rôle d'auxiliaires de la science. Voyez, en outre, la précieuse conséquence de ce mode d'expériences. En cas de danger mortel, on a sauvé des humains en opérant sur eux la **fistule gastrique**. Le Dr Labbé a percé l'estomac d'un jeune homme, afin de retirer une fourchette qui y était restée plus d'un an (1875). Le Dr Verneuil a installé un entonnoir dans l'estomac d'un autre jeune homme (Marcelin) afin de le nourrir désormais *directement*, sans passer par l'œsophage qui avait été brûlé et fermé par une gorgée de potasse. Marcelin se porte à merveille.

Le principe essentiel du suc gastrique est la **pepsine** : d'où le nom de « peptones » donné à la transformation des aliments sur lesquels elle agit, viande, œufs. On enrichit le suc gastrique en pepsine avec le bouillon et la dextrine, et l'on augmente la sécrétion de ce suc à la fin du repas avec le fromage, les sucreries, le café.

Les assaisonnements ou *condiments* servent aussi à redoubler les contractions de l'estomac, mais il faut se garder d'en abuser et, même dans la jeunesse, d'en user : vinaigre, citron, poivre, moutarde. L'hygiène recommande de bien mâcher, pour faciliter la tâche de l'estomac, et de ne pas entraver les débuts de la digestion par un exercice violent ou un travail intellectuel : rien de mieux qu'un peu de promenade. Le pharmacien prend la pepsine de certains animaux pour confectionner des pastilles qui facilitent la tâche des estomacs fatigués.

VII. — INTESTIN. — A la sortie du pylore, la première région de l'intestin grêle est nommée **duodenum**. En le traversant, le chyme reçoit la bile et le suc du pancréas. Puis vient le *jejunum*, vide quand on est à jeun, et les nombreux replis de l'*iléon*. Le gros intestin ne reçoit que le résidu inutile de la digestion : il commence par un petit sac, le *cœcum*. La valvule *ileo-cœcale* est la soupape qui empêche tout reflux en arrière, du cœcum dans l'iléon. Viennent ensuite les trois replis ondulés du *côlon* : ascendant, transverse sous l'estomac, et descendant. Le reste est lisse, droit, le *rectum*, terminé par un anneau ou sphincter. L'ensemble des intestins est protégé et maintenu par une membrane, onctueuse, à deux replis, le **péritoine**, dont la région centrale est dite *mésentère* : des dépôts de graisse peuvent s'y accumuler. — Péritonite ; veines mésentériques : gastrite, et autres **expressions**.

VII. — GLANDES. — Ce sont des organes creux dont les parois sont criblées de vaisseaux sanguins : le liquide qui coule dans la glande est une modification de ce sang, ou bien une simple filtration. Ainsi les Mamelles produisent le lait et les Reins filtrent l'urine. Certaines glandes sont des urnes très simples, n'ayant qu'un seul canal, une seule ouverture : c'est le cas des glandes intestinales et des glandes gastriques. D'autres glandes, très compliquées, sont dites *« en grappe »* parce que leur disposition rappelle les ramifications ou arborisations d'une grappe de raisin : c'est le cas des glandes salivaires, du pancréas et du foie. Les canaux se groupant deux à deux, deviennent de plus en plus larges, pour aboutir à deux tubes définitifs dans le pancréas, à un seul dans le foie et les glandes de la salive.

Nous retrouverons cette arborisation dans la structure du poumon. **Examen** du foie : les trois grands vaisseaux biliaires ; la vésicule du fiel ; la grosse veine Porte qui se ramifie.

IIIᵉ LEÇON

LES DENTS

I. — La Dent. — Les dents servent à couper et à mâcher les aliments. Leurs racines profondes s'enfoncent dans les cavités ou *alvéoles* de la mâchoire. La dent commence par être une petite masse molle, criblée de sang et de nerfs : c'est le **bulbe**, logé au fond de l'alvéole. Ce bulbe est entouré d'une membrane double, entre les deux feuillets de laquelle le sang dépose des incrustations de sels calcaire , surtout à la partie supérieure. Ainsi la dent durcit, grandit, perce la gencive, et sa région essentiellement vivante est le bulbe central. On nomme *racine* la partie qui est logée dans l'alvéole, et *couronne* la région externe : elles sont séparées par un rétrécissement, le *collet*.

La matière dure des dents, l'**ivoire**, est comparable aux os, mais plus dure encore, car elle renferme jusqu'à 73 o⊨o de sels calcaires dans un réseau gélatineux. L'ivoire est criblé de canaux qui abritent des filets nerveux : au microscope, on croirait voir une dentelle : ainsi s'explique la sensibilité des dents. Pour protéger l'ivoire sur la couronne, il est revêtu d'un vernis nacré, l'**émail**, très dur, en mosaïque serrée. C'est lui qui rend si brillantes les dents des jeunes gens. Il faut le ménager en évitant les dentifrices acides et les brusques alternances de mets trop chauds et trop froids. Quand l'émail a disparu, l'ivoire apparaî , jaune par comparaison. Il peut, lui aussi, se détruire ; la dent se creuse ; alors le bulbe vivant est à nu ce qui l'expose à de vives douleurs. Plomber une dent cariée, c'est remplir la cavité de la couronne avec un alliage convenable. Insensibiliser, c'est brûler le bulbe avec un corrosif tel que la créosote. On confectionne de beaux dentiers artificiels avec l'ivoire de l'hippopotame. Les défenses de l'éléphant sont le type du plus bel ivoire.

II.— NOS 3 SORTES DE DENTS. — Sur le devant de la bouche se dressent les **incisives** qui servent à couper (incidere). Ce sont les dents qui dominent chez les rongeurs tels que le rat. L'enfant et l'homme en ont 8 : soit de chaque côté, pour une moitié de tête, 2 en haut et 2 en bas $\frac{2}{2}$. Les incisives sont encadrées par les 4 **canines** qui servent à déchirer (par exemple la cartouche) mais qui ne sont pas saillantes chez nous. Ce sont les dents qui caractérisent les carnassiers, les 4 *crocs* qui arrêtent la proie, l'étranglent, la déchirent : armes du chat et du chien (canis). L'enfant et l'homme en ont 4 : soit, de chaque côté $\frac{1}{1}$ c.

Au fond de la bouche les **molaires** sont les meules destinées à broyer, triturer, maintenues par 2, 3, 4 racines. Chez les herbivores où elles dominent, les molaires sont renforcées par des bandes alternatives d'émail, d'ivoire, et de *cément* jaune ; elles sont dites composées, lobulées, striées. Les molaires des carnassiers sont hérissées d'arêtes tranchantes, celles des *insectivores* de cônes pointus : taupe, hérisson. Les nôtres sont simplement mamelonnées, tuberculeuses : à ce caractère on reconnaît des êtres omnivores. L'enfant en possède 8, soit $\frac{2}{2}$. L'homme en a 12 de plus, et par suite 20 : soit, de chaque côté $\frac{5}{5}$. Aucune de nos dents n'est prédominante : aucune ne fait saillie : et cette dentition homogène, complète, révèle notre régime omnivore.

III. — NOS 2 DENTITIONS. — La première dentition, celle de l'enfance, consiste en 20 dents « de lait » qui percent la gencive alors que le petit être est encore allaité : huit incisives, quatre canines, huit molaires : soit $\frac{2}{2}$, $\frac{1}{1}$, $\frac{2}{2}$ de chaque côté, pour une moitié de tête. Elles naissent par paires : d'abord les incisives de devant, puis celles des côtés ; à 18 mois les premières molaires ; ensuite les canines ; etc. Vers sept à huit ans commence la **deuxième dentition**. Un second rang de bulbes, placés sous les premiers, et jusqu'alors sommeillants, se développe : vingt nouvelles dents, dites de « remplacement » durcissent, s'allongent et font tomber les dents de lait. En outre douze molaires très grosses poussent au fond de la bouche : la dernière, dite « de sagesse », perce rarement avant la vingtième année. L'homme fait possède donc 32 dents : huit incisives, quatre canines, vingt molaires : soit, de chaque côté : $\frac{2}{2}$ i, $\frac{1}{1}$ c, $\frac{2+3}{2+3}$ m. Les seconds bulbes, définitifs, nourrissent longtemps la dent dont ils occupent le centre ; mais la cavité qui les loge se resserre et les étrangle, ce qui supprime leur fonction. La dent cesse de grandir, devient inerte, se déchausse et tombe. On fait bien, alors, de recourir aux dentiers artificiels, car une bonne mastication est le prélude d'une bonne digestion.

IV. — QUATRE MACHOIRES TYPES. — **1°** Le lion, le tigre, la panthère, le chat, bref les **félins** (feliş: chat) sont les plus carnassiers. Leurs mâchoires, d'autant plus robustes qu'elles sont plus courtes, se déplacent verticalement, en ciseaux, sans avoir le léger mouvement latéral des nôtres. Trente dents : douze incisives petites, mignonnes, $\frac{3}{3}$: quatre canines ou crocs, formidables $\frac{1}{1}$: quatorze molaires tranchantes $\frac{4}{3}$: les quatre plus grosses, tout au fond, sont dites « carnassières ». Elles sont suivies chez quelques carnassiers omnivores, tels que le chien et l'ours, de huit molaires (tuberculeuses, comme les nôtres) destinées à broyer des racines, des écorces, des fruits : chien $42 = \frac{3}{3}\,\frac{1}{1}\,\frac{6}{7}$.

2° Le rat et la majorité des **rongeurs** sont des omnivores organisés pour ronger sans cesse. La mâchoire inférieure se déplace en longueur, comme un rabot, une scie. Quatre énormes incisives, taillées obliquement en biseau, doivent s'user par un continuel frottement, attendu que leur racine pousse toujours. Si l'une d'elle se casse, celle qui lui est opposée s'allonge hors de la bouche, au point d'empêcher l'animal de manger. Ainsi le rongeur grignote toujours : c'est une nécessité : à la rigueur il se contente de bois, de plâtre : mais l'appétit de ces petits êtres est insatiable. Pas de canines $\frac{0}{0}$, car les rongeurs ne vivent pas de proies. Douze molaires cannelées, aux rainures transversales. Total $16 = \frac{1}{1}\,\frac{0}{0}\,\frac{3}{3}$. Lièvres et lapins ont vingt-deux molaires, et leurs deux incisives supérieures sont renforcées par deux autres, petites, adjacentes $28 = \frac{2}{1}\,\frac{0}{0}\,\frac{3}{3}$.

3° La plupart des ruminants à cornes, tels que le bœuf, le **mouton**, l'antilope, sont les plus nettement herbivores. Leur mâchoire inférieure se déplace horizontalement, afin que les robustes molaires puissent tourner et triturer comme des meules. La bouche est mal garnie sur le devant : pas d'incisives en haut, mais 8 en bas ; soit $\frac{0}{4}$. Pas de canines. Un long espace vide sépare les incisives des 24 molaires, $\frac{6}{6}$, lobulées, renforcées de replis longitudinaux d'émail, d'ivoire et de cément, de dureté très inégale : total $32 = \frac{0}{4}\,\frac{0}{0}\,\frac{6}{6}$. Par compensation les ruminants sans cornes ont des canines chevrotain ou même une mâchoire complètement garnie (chameau).

4° Le **cheval** a 42 dents : 12 incisives ; 4 canines qui ne poussent qu'à 7 ans, et 26 molaires $= \frac{3}{3}\,.\,\frac{1}{1},\,\frac{7}{6}$. Entre les canines tardive et les premières molaires, un large espace vide, la *barre* reçoit le mors. L'examen de la bouche révèle l'âge du cheval jusqu'à 12 ans, car les deux dentitions se succèdent régulièrement jusqu'à 5 ans, — et les incisives, d'abord creusées d'une fossette, la perdent en s'usant, et finissent par « raser » à 12 ans.

Notes. — La dentition complète des Porcins révèle des omnivores, aimant certaines proies : porc $44 = \frac{3}{3}, \frac{1}{1}, \frac{7}{7}$. Les **défenses** en bel ivoire sans émail sont constituées par les 2 incisives supérieures chez l'éléphant et le dugong : les 2 canines supérieures chez le morse et le chevrotain-musc; les 2 canines inférieures chez le sanglier et le babiroussa; les 4 canines recourbées chez le phacochère. Le tatou, édenté sur le devant, possède une centaine de dents arrondies; le dauphin en a une centaine très pointues. Le narval n'a qu'une dent, mais c'est une épée de 5 mètres. Absence complète de dents chez les fourmiliers, pangolins, échidnés : elles sont remplacées par des fanons tamiseurs chez la baleine.

Expliquer quelques termes : granivore, frugivore. piscivore ichtyophage. anthropophage.

Odôn, dent : odontalgie, mastodonte, iguanodon.

IV° LEÇON

LE SANG

I. — Son Rôle. — Le liquide nourricier, renouvelé par les aliments, vivifié par l'oxygène de la respiration, forme et entient toutes choses en nous. Le sang crée nos organes, les renouvelle, les réchauffe, les fait fonctionner. Pour qu'un organe soit en bon état, il faut qu'il soit pénétré, imprégné de sang : et pour que cet organe travaille, il faut que le sang l'envahisse davantage encore. Le muscle qui se contracte reçoit plus de sang que lorsqu'il est au repos. La glande qui sécrète est le siège d'une circulation plus active. Si l'on serre l'artère du cou pour empêcher le sang de monter au cerveau, celui-ci est paralysé : donc la pensée même exige l'afflux du sang oxygéné.

Le liquide doit sa couleur à de fins **globules** sur lesquels se fixe momentanément l'oxygène, au sein des poumons. Ce gaz *oxygène* est la source de la chaleur vitale et de l'activité nerveuse. Transporté dans le corps par les globules rouges, l'oxygène produit la chaleur et la force. Tout organe qui fonctionne reçoit davantage de sang oxygéné, il s'échauffe, et c'est une partie de la chaleur ainsi produite qui se convertit en travail. Nous y reviendrons, mais, dès maintenant, retenir l'échauffement du muscle qui se contracte, de l'estomac qui digère, du cerveau qui pense. Seul le sang oxygéné entretient la vie : on meurt immédiatement dès qu'un peu de sang impur vient se mêler au sang pur des artères.

En accomplissant sa tâche le sang se modifie et devient impur : une certaine proportion filtre hors des vaisseaux et forme la *lymphe*, sang appauvri, jaunâtre, qni se mêle aux humeurs, circule dans des canaux spéciaux, *lymphatiques*, et finit par se mêler au sang dans les veines sous-clavières, et celles des membres. L'oxygène fait brûler les tissus *hors d'usage*, les matériaux fatigués, les provisions de graisses, ce qui produit des résidus qui doivent être balayés : gaz carbonique, eau, éléments de la bile, de la sueur, de l'urine. Ce sang impur, qui doit être purifié immédiatement dans les poumons, et régulièrement dans certaines glandes, devient foncé, bleu, presque noir ; il circule dans les veines, tandis que le sang qui s'est oxygéné dans les poumons est vermeil et circule dans les artères. On a le choix entre 2 séries d'expressions :

1° **Sang pur, oxygéné, vermeil, artériel.**

2° **Sang impur, bleu noir, veineux.**

II. — COMPOSITION DU SANG. — Le sang est formé de 88 % d'un liquide incolore, le plasma, c'est-à-dire **Principe Formateur**, dans lequel nagent 12 % de globules rouges avec quelques gros globules blancs. Le plasma est aussi compliqué

PLASMA	Eau	79
liquide incolore	Albumines......	6
	Fibrine.........	2
	Sels. Divers	1
GLOBULES ROUGES......		12
		100

que les aliments dont il provient et que l'organisme qu'il va former ; il est très riche en albumines 6 % comparables à celles de l'œuf ; il renferme 2 % de *fibrine* surnommée « chair coulante » car c'est elle surtout qui forme les muscles, la chair, avec le concours des globules, 1 % de sucre, corps gras, nombreux sels dans lesquels dominent la soude, un peu de chaux pour les os, un peu de phosphore pour la matière nerveuse, de soufre pour les cheveux, etc.

Les globules rouges sont des disques circulaires, minces, légèrement déprimés ou biconcaves. Leur diamètre est de $\frac{1}{120}$ de millimètre : un centimètre cube de sang en contient 5 milliards.

Ils sont formés d'une sorte de fibrine, colorée en rouge par une albumine qui renferme du fer, *l'hématosine*. Leur rôle capital est de transporter partout l'oxygène qui les rend vermeils ; quand ils sont en trop faible proportion, on souffre d'une langueur, d'une anémie, révélée parfois par une pâleur spéciale (chlorose). On la combat avec les ferrugineux, car la présence du fer contribue à former des globules : eaux de Bussang, Luxeuil, Orezza et, tout simplement, de vieux clous *rouillés* dans la carafe. Un homme possède de 7 à 8 litres de sang (hémos, hématos).

III. — Coagulation du sang. — Au sortir du corps le sang se coagule immédiatement. C'est la fibrine qui se fige spontanément, tandis qu'il faudrait chauffer l'albumine pour la coaguler, comme

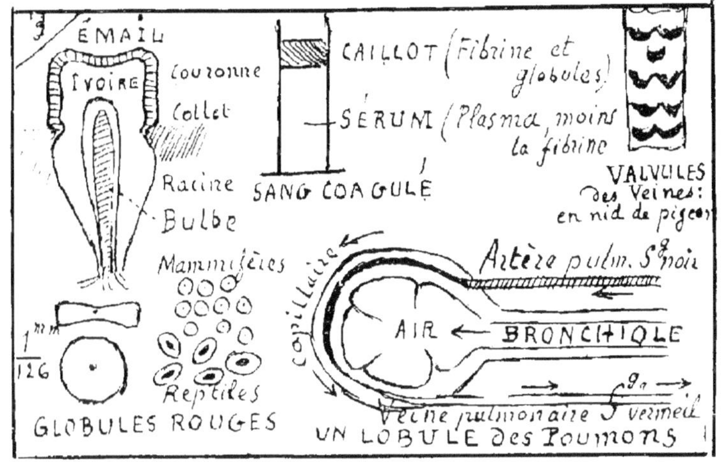

celle des œufs durs. La fibrine emprisonne les globules dans son réseau gélatineux et cet ensemble constitue le **caillot rouge** (fibrine et globules). Après quelque temps le caillot devient léger, s'élève, et surnage un liquide jaunâtre, le *serum*, qui représente le plasma privé de sa fibrine. Quand un caillot abondant se forme vite sur une plaie, il est fort utile en arrêtant l'écoulement du sang (hémorrhagie) : le chirurgien accélère sa formation en imbibant la charpie de substances hémostatiques qui coagulent l'albumine : phénol, chlorure de fer.

On combat un épuisement extrême et certaines maladies par la *transfusion* : on injecte du sang humain dans les vaisseaux du patient ; ou, même, on fait communiquer ses vaisseaux avec ceux d'une personne de bonne volonté, de manière que les deux circulations n'en fassent qu'une. Veut-on n'injecter que le *serum* : on filtre du sang pour arrêter les globules, on fouette le plasma pour figer la fibrine qui se coagule, en chapelet, à l'extrêmité des brindilles du balai.

Notes. — Les globules des mammifères sont ronds comme les nôtres, ce qui rend difficile l'examen des taches de sang dans les expertises judiciaires. A partir des oiseaux, les globules sont ovales, de plus en plus gros, avec un noyau volumineux. On utilise le sang de plusieurs animaux soit comme aliment, soit comme engrais, soit pour le collage des vins.

CIRCULATION DU SANG

I. — Cette fonction a un double but : porter dans tout le corps le sang vermeil qui s'est oxygéné dans les poumons et, quand il est devenu impur, ramener le sang noir aux poumons.

La circulation est gouvernée par le *cœur*. Elle s'accomplit dans 3 sortes de vaisseaux : les *artères*, élastiques, qui emmènent le sang hors du cœur, loin du cœur : les *veines*, molles, qui ramènent le sang dans le cœur, et les *capillaires* plus fins qu'un cheveu (*capillus*) servant de trait d'union entre les artères et les veines. Une piqûre d'aiguille déchire une vingtaine de capillaires.

Le **cœur** est un muscle creux, contractile, qui fonctionne alternativement comme pompe aspirante, et comme pompe foulante exécutant 75 battements par minute. Il aspire le sang que lui amènent les veines et il le refoule dans les artères. Une cloison verticale le divise en 2 moitiés indépendantes, on peut dire en 2 cœurs distincts. 1º *Le cœur droit* reçoit le sang noir amené par les 2 veines caves, et il le lance dans l'artère des poumons. Il gouverne donc la circulation de ce sang impur, veineux, laquelle s'étend des capillaires de tout le corps à ceux des poumons. 2º *Le cœur gauche* reçoit le sang vermeil amené des poumons par les 4 veines pulmonaires, et il le lance dans l'artère aorte qui donne naissance à toutes les artères du corps. Il gouverne donc la circulation du sang artériel, laquelle s'étend des capillaires des poumons à ceux de tout l'organisme.

II. — Chaque moitié du cœur est subdivisée en 2 étages qui communiquent : les **oreillettes**, plus larges, aspirent le sang des veines ; et les **ventricules**, plus contractiles, lancent le sang dans les artères. 2 soupapes ou *valvules,* empêchent le liquide de refluer dans l'oreillette quand le ventricule se contracte : à droite, la tricuspide, en triple voile ; à gauche, la mitrale, à 2 replis comme une mitre. D'autres petites valvules s'opposent au reflux du sang dans l'aorte et dans l'artère pulmonaire. Un **battement** complet se subdivise en 4 temps : 1" contraction des oreillettes et, simultané-ment, dilatation des ventricules ; 2° un léger repos ; 3° dilatation des oreillettes et contraction très énergique des ventricules *; 4° un repos plus long que le précédent.

Notre cœur a la grosseur du poing et renferme un quart de litre de sang. Il est suspendu dans la poitrine, entre les poumons, par les gros troncs qui y aboutissent. Quand il se contracte il durcit et se redresse, de sorte que sa pointe vient légèrement frapper la sixième côte à gauche *. A raison de 75 battements par minute, il reçoit en une demi-minute les 5 à 6 litres de sang que renferment les vaisseaux gros et moyens : 2 litres environ sont ralentis dans l'immense réseau capillaire. On en conclut que notre sang est oxygéné plus de 3.000 fois par jour dans les poumons. On s'explique aussi la rapidité foudroyante de certains poisons.

Note. — Dessinez le cœur, ses 4 compartiments et les vaisseaux qui y aboutissent. Employez le crayon à 2 couleurs, et placez des flèches indispensables. L'OR. DR. reçoit les 2 veines caves. Le V. DR. donne naissance à l'artère pulmonaire.

L'OR G., reçoit les 4 veines pulmonaires terminales. Le V. G. donne naissance à l'artère **aorte**, recourbée en crosse, et, par son intermédiaire, à toutes les artères du corps (mais non pas à celles des poumons).

Ve LEÇON

LA CIRCULATION (Suite)

III. Ainsi cette fonction se divise en 2 périodes, 2 phases :

1° **La circulation générale** qui intéresse le corps entier ; elle porte dans les moindres replis de l'organisme le sang vermeil des artères, et elle balaye les débris du corps dans le sang noir des veines. Elle s'étend du ventricule gauche à l'oreillette droite. La contraction du V. G. lance le sang oxygéné dans l'**artère aorte** qui se recourbe en crosse, descend jusqu'à l'abdomen, et donne naissance aux **artères générales** du corps avec une parfaite symétrie, une subdivision régulière de 2 en 2 « **arbre**

artériel ». Les petites artères ou artérioles se ramifient en *vaisseaux capillaires* dont le réseau pénètre dans toutes les régions de l'organisme, jusque dans les os. C'est au sein des capillaires et autour d'eux que le sang vermeil accomplit ses fonctions d'incessant rajeunissement. Il cède son oxygène et se charge d'impuretés

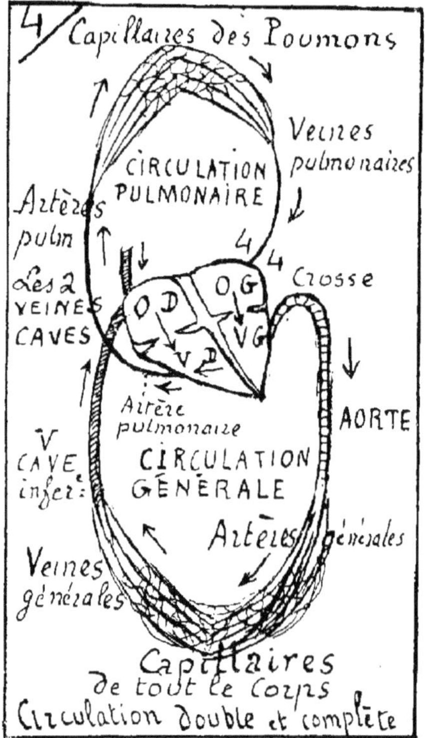

il perd sa belle teinte vive et devient foncé. Les capillaires se regroupent pour former les **veines générales** qui transportent le sang noir ; et cette canalisation, un peu moins régulière que celle des artères, aboutit aux **2 veines caves**, qui versent dans l'oreillette droite le sang impur du corps entier.

2° La petite circulation pulmonaire a pour but de conduire dans les poumons le sang impur (lancé par le cœur droit) afin qu'il se purifie et que, redevenu oxygéné, il retourne au cœur gauche chargé de l'envoyer dans tout le corps. Cette phase de la circulation s'étend du ventricule droit à l'oreillette gauche. La contraction du V. Dr. lance le sang noir dans l'**artère pulmonaire** qui se subdivise, bientôt en deux vaisseaux, puisque nous avons deux poumons puis en une multitude nommés artères pulmonaires Les canaux deviennent très fins, ce sont les *capillaires des poumons*: ils rampent à la surface des lobules, petits sacs remplis d'air. Là s'accomplit le double échange gazeux : le sang exhale du gaz carbonique CO^2 et de la vapeur d'eau, et ses globules s'emparent de l'oxygène vivifiant. Les capillaires se regroupent en veines, et les **quatre veines pulmonaires** définitives aboutissent à l'oreillette gauche qui se dilate pour aspirer leur sang vermeil.

Voici le moment de dessiner l'ensemble de cette double circulation, double boucle qui ressemble au chiffre 8. Les 2 couleurs et des flèches. Bien comprendre que la partie inférieure du

dessin ne représente pas, spécialement, les capillaires de l'abdomen, mais ceux du corps entier, aussi bien de la tête que ceux
des jambes. Remarquer que toutes les artères renferment du sang
vermeil (sauf les pulmonaires): que toutes les veines renferment
du sang bleu (sauf les pulmonaires'.

IV. **Artères** — Ce sont les
vaisseaux durs, rigides, élastiques et contractiles, qui emmènent le sang loin du cœur,
dans l'organisme et dans les
poumons. Leur rôle est centrifuge. Les **artères générales**
conduisent le sang pur dans
le corps entier pour le nourrir,
le réchauffer, l'innerver et les
artères pulmonaires conduisent le sang impur s'oxygéner dans les poumons.

L'artère est formée de 3 tuniques : une interne très lisse,
une externe très épaisse. C'est
la tunique moyenne qui est
caractéristique : elle est double,
élastique et contractile. L'élasticité qui domine près du cœur,
dans les gros troncs, leur est
donnée par une membrane
jaune, et la contractilité qui

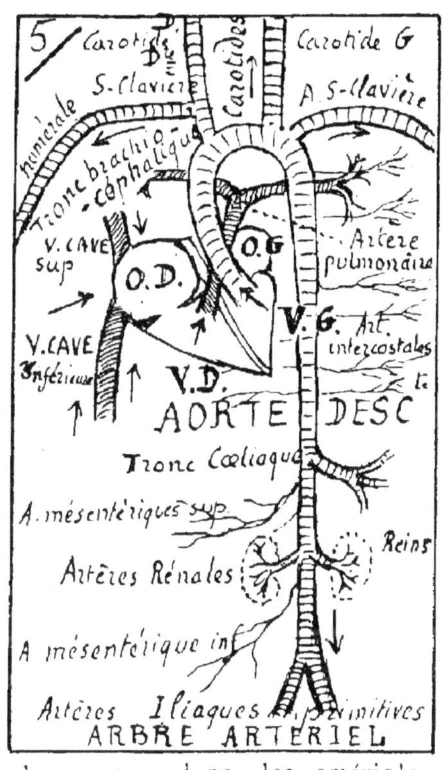

domine, au contraire, loin du cœur, dans les artérioles,
résulte de l'abondance de fibres musculaires, en anneaux. Cette
tunique jaune régularise le cours du sang et vient en aide aux
contractions du cœur. Sous le choc de l' « ondée sanguine »,
l'artère se dilate, puis elle rebondit, reprend sa forme normale, se
contracte et restitue au sang une partie de la vitesse perdue. Ce
battement des artères, provoqué par le battement du cœur, est le
pouls : il ne se manifeste qu'aux rares endroits où les artères
affleurent sous la peau : au poignet, au cou, à la tempe, au pied.
Le médecin interroge le pouls au poignet, en appuyant l'*artère
radiale* contre l'os voisin ; de la sorte, il est renseigné sur les
mouvements du cœur, avec un léger retard. En moyenne, 75 pul-
sations par minute et d'un rythme régulier. En cas de fièvre, le

pouls bat plus vite et il est irrégulier. Un levier enregistreur peut inscrire les oscillations du pouls en l'absence du médecin.

Si l'on perçoit le pouls à peu d'endroits, c'est que les artères ont été logées profondément, protégées par les os, car leur blessure est fort dangereuse à cause de l'impétuosité du flux sanguin et de la tendance de ces tubes élastiques à demeurer béants. Le chirurgien exécute la ligature du côté du cœur : il serre avec précaution, craignant de couper la tunique jaune, et il emploie le plus possible des pinces. L'*anévrisme* est une dilatation anormale de l'artère, quand la tunique jaune a été détruite à une place : sa rupture est chose grave : elle est mortelle dans la poitrine.

Un **coup d'œil** sur l'**arbre artériel**, ensemble de l'aorte et des artères greffées sur elle ; tronc brachio-céphalique à droite, et pas à gauche; carotide du cou ; sous-clavière, humérale, radiale et cubitale; 9 paires d'intercostales ; tronc *cœliaque* triple, pour les viscères de l'abdomen : A. rénales des reins : iliaques des jambes, etc.

V. — VEINES. — Ce sont les vaisseaux mous, extensibles, dilatables, qui ramènent le sang aux oreillettes du cœur. Leur rôle est centripète. Les **veines générales** transportent le sang noir; elles se groupent pour former les 2 V. caves, inférieure et supérieure, dont le sang est aspiré par l'oreillette droite. Les **veines pulmonaires**, dont 4 sont terminales, conduisent à l'oreillette gauche le sang vermeil qui vient de s'oxygéner dans les poumons. Tandis que les grandes artères ne communiquent pas, la plupart des veines échangent de nombreux traits d'union. Le corps renferme environ cinq fois plus de veines que d'artères, car la vitesse du sang est cinq fois moindre dans les premières que dans les secondes. En général, une artère est accompagnée de 2 veines, profondes comme elle (surnommées ses satellites) et de plusieurs veines superficielles, affleurant sous la peau. Ainsi, à l'avant-bras, 2 *veines radiales*, 2 *cubitales* et 2 superficielles : la *céphalique* où l'on pratique la saignée et la *basilique* que le médecin évite dans la crainte de blesser l'artère qu'elle croise.

Si beaucoup de veines affleurent, c'est que leur blessure n'est pas chose grave : le sang noir coule très lentement ; la coupure tend à se cicatriser d'elle-même : la ligature est facile : le médecin la pratique au-dessous de la partie blessée, au-delà par rapport au cœur. Les *varices* sont des gonflements anormaux des veines : elles sont peu dangereuses en comparaison des anévrismes : on les combat par des cautérisations, des bas élastiques, etc.

Comment le sang peut-il remonter des pieds au cœur, en dépit de la pesanteur? 1° L'oreillette droite agit comme pompe aspirante : 2° Les veines sont assez contractiles. 3° Plusieurs mouvements dépriment les grosses veines, par exemple quand on aspire l'air, et cette pression élève le sang. Les mouvements inverses ne le font pas retomber ; il est alors arrêté par des *soupapes en nids de pigeons* ou *valvules semi-lunaires* qui garnissent la plupart des veines. 4° Ces valvules subdivisent le sang en petites colonnes qui sont ainsi soustraites, dans une certaine mesure, aux lois de la pesanteur. La **veine porte** du foie, qui reçoit tout le sang de l'abdomen, est la seule qui se ramifie ; elle se subdivise en *veines sous-hépatiques* et en capillaires qui sécrètent la bile (dans les lobules du foie) et qui se regroupent en *V. sus-hépatiques*, dont les 2 troncs terminaux se jettent dans la V. cave inférieure. Les veines des membres et les deux sous-clavières reçoivent les vaisseaux lymphatiques. Les petits vaisseaux sanguins, artérioles et veinules, gouvernent les circulations spéciales des capillaires ; ils peuvent se dilater ou se contracter sous l'influence de nerfs spéciaux ; ils s'épanouissent quand un organe doit recevoir plus de sang, afin de fonctionner. Ils déterminent la rougeur ou la pâleur.

VI. — Historique. — Jusqu'à Galien (130), on admit que les artères ne contenaient que de l'air, parce qu'elles sont vides sur le cadavre ; et jusqu'à Vésale et Béranger (1550), on crut que les ventricules communiquaient. Servet et Colombo découvrirent, en 1553, la circulation pulmonaire ; en 1574, Fabricius, expliqua le rôle des valvules en nid de pigeon ; enfin, son élève, **Guillaume Harvey**, se rendit un compte exact de la circulation, par une série d'expériences qui dura 15 ans, de 1613 à 1629. Aselli avait découvert les chylifères en 1622 ; c'est pourquoi l'on considère le premier quart du XVII° siècle comme l'ère de la physiologie (étude de la vie). L'invention du microscope permit à Malpighi de découvrir les globules (1661) et d'étudier les réseaux capillaires devinés par Harvey. On choisit, d'ordinaire, la patte ou la langue d'une grenouille ; on voit leurs gros globules ovales filer avec rapidité, et s'amincir pour pénétrer dans les plus fins vaisseaux.

VII. — **Circulation comparée.** — Les mammifères et les oiseaux ont le cœur et la circulation semblables aux nôtres : un cœur double, à 4 cavités, gouverne une circulation *double* et *complète*. Ce dernier adjectif signifie que les 2 sortes de sang ne se mélangent jamais. Les **reptiles** ont un cœur à 3 cavités : 2 Or. et 1 V : les 2 sortes de sang se mêlent un peu dans ce ventricule unique, et beaucoup au premier tiers de l'aorte qui communique avec l'artère pulmonaire par un *canal artériel*. Donc les deux tiers postérieurs du corps reçoivent un mélange *violet* qui ne peut pas être aussi favorable à l'activité vitale que le serait du sang vermeil. Cette sorte de circulation est dite *incomplète*; elle est encore *double*.

La circulation est *simple*, comme le cœur, chez les autres êtres, la phase respiratoire fusionnant avec le circuit général, au lieu de se détacher à part. Ainsi les **poissons** ont un cœur simple, *veineux*, à 2 cavités ; *droit*, c'est-à-dire correspondant à notre cœur droit. Inversement les **crustacés** et les **mollusques** ont un cœur simple, *artériel, gauche*, c'est-à-dire correspondant à notre cœur gauche. Sur le dos des **insectes** un long vaisseau contractile tient lieu de cœur artériel et d'aorte : ces êtres ont très peu d'artères; ils n'ont pas de veines. Le sang impur circule dans des lacunes entre les organes ; il reçoit l'oxygène de tous côtés car les tubes respiratoires (trachées) se distribuent partout. Le sang des invertébrés est incolore, à peine jaunâtre, parce qu'il est dépourvu de globules rouges : toutefois, chez les vers, le plasma lui-même est rouge : ver de terre, sangsue.

VIᴱ LEÇON

LA RESPIRATION

I. — Introduction. — Cette fonction a un double but, oxygéner le sang et le purifier. Il n'y a que le sang oxygéné qui soit utile, c'est lui seul qui rajeunit et réchauffe le corps, qui entretient les organes et les fait fonctionner. Nous absorbons par jour plus d'oxygène que de pain : 750 grammes, aussi le nomme-t-on l'aliment respiratoire. Comme il fait brûler dans les profondeurs de l'organisme des principes riches en charbon (carbone), il produit du gaz carbonique CO_2 qui noircit et vicie le sang. C'est pourquoi la respiration rejette continuellement ce gaz malsain et, avec lui, beaucoup de vapeur d'eau impure animalisée, qui a fait partie intégrante du corps. Bref la respiration est un *double échange gazeux* qui s'effectue au sein des poumons : *hématose*.

II. — Tube respiratoire. — L'air y pénètre par le nez et un peu par la bouche, ce qui le rend humide et tiède, car les poumons craignent l'air sec et froid. L'entrée du tube respiratoire est le *larynx*, formé par quatre cartilages : il se rétrécit en une boutonnière, la *glotte*, qui produit la voix par la vibration de ses bords. Une soupape, *l'épiglotte*, protège le larynx quand nous mangeons ; elle est d'autant plus nécessaire que le tube respiratoire est placé devant le tube digestif. Si l'on rit en buvant, l'épiglotte se soulève, quelques gouttes pénètrent dans la gorge, et l'on tousse malgré soi pour les expulser. Un long tube, la **trachée-artère**, est maintenu rigide par des anneaux cartilagineux, ouverts en arrière. Ce tube se partage en deux **bronches** primaires, aux anneaux complets, et celles-ci se ramifient régulièrement de 2 en 2, par une sorte d'arborisation en *bronches secondaires*, et *bronchioles* (susceptibles de se contracter, qui aboutissent à de petits sacs où l'air afflue, les **lobules**. Chaque **poumon** est formé par l'ensemble élastique des lobules et des bronchioles : le poumon droit a 3 lobes, et le gauche en

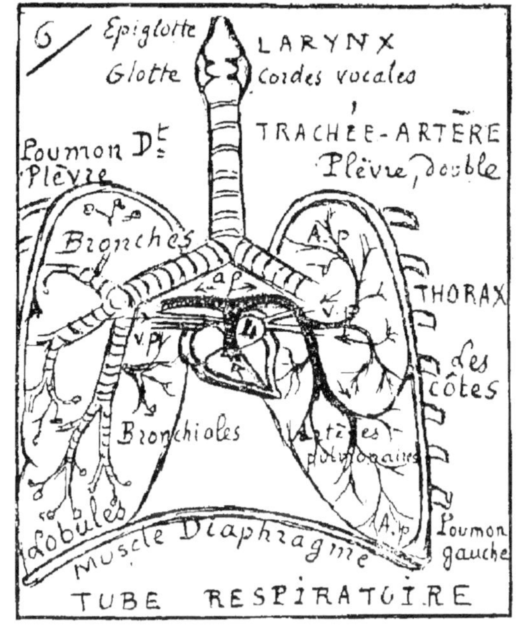

a 2. L'intérieur du tube respiratoire est tapissé d'une muqueuse rouge, criblée de capillaires qui se continue dans le nez jusqu'aux narines. Les capillaires, qui serpentent sur les lobules relient les artères pulmonaires aux veines pulmonaires : indiquons, en dessinant un lobule, que les premiers vaisseaux amènent le sang noir lancé par le V. Dr. et que les seconds conduisent le sang vermeil dans l'OR. G. L'échange gazeux s'effectue à travers la muqueuse des lobules, membrane dont la surface dépasse 200 mètres carrés. L'intérieur des gros tubes et l'entrée du nez sont garnis de cils vibrants qui repoussent les poussières et expulsent les débris de la muqueuse (*mucosités*).

Chaque poumon est entouré d'une membrane lisse, onctueuse, à deux feuillets qui glissent l'un sur l'autre sans jamais se séparer : cette double membrane, nommée **plèvre**, est une séreuse comparable au péritoine. Un feuillet s'applique sur le poumon, l'autre tapisse les côtes : une sorte de vide existe entre eux, ce qui les maintient accolés. Il en résulte que les poumons obéissent docilement, par l'intermédiaire des 2 plèvres, aux mouvements de la poitrine. Rappelons que le diaphragme est la cloison bombée, musculaire, qui sépare les poumons de l'abdomen On nomme pleurésie l'inflammation des plèvres. Le rhume de cerveau ou coryza, résulte de l'inflammation de la muqueuse du nez ; la bronchite de celle des bronches ; la fluxion de poitrine de celle des bronchioles. La phtisie est la destruction des lobules sous l'influence d'un champignon parasite que l'on combat avec l'iode.

III, — Mouvements respiratoires.— Le mécanisme des poumons rappelle assez bien celui d'un soufflet. L'**Inspiration** est active : elle résulte de l'agrandissement de la poitrine. Les côtes sont redressées par leurs muscles élévateurs, et le diaphragme s'abaisse en se tendant horizontal. Double motif d'agrandissement de la « cage thoracique. » Les poumons obéissent, par l'intermédiaire des deux plèvres, et se gonflent d'air pur. L'**Expiration** est passive : diaphragme et côtes reprennent leur position normale, et l'élasticité des poumons accélère le rejet de l'air impur. On se sert surtout des dernières côtes, très mobiles et même « flottantes. » L'emploi des supérieures constitue l'essoufflement ; on l'évite le plus possible dans certaines professions : chanteurs, coureurs, cavaliers. Pratiquer sur un asphyxié la « respiration artificielle », c'est lui faire accomplir ces mouvements alternatifs tout en insufflant de l'air dans les poumons.

III. — Échange gazeux

Air atmosphérique respiré	Air impur exhalé	Différence
¼ Azote 0,79	0,79	Nulle.
¼ Oxygène...... 0,21	0,16	0,05 en moins
Gaz carbonique. 0,0004	0,04	0,04 en plus
Vapeur d'eau = Variable	Beaucoup : impure. animalisée.	

Ainsi, à travers les lobules, le sang des capillaires prend 0,05 d'oxygène après avoir exhalé 0,04 d'acide carbonique CO^2, et beaucoup de vapeur d'eau très impure. Nos poumons ont une capacité de 4 litres $^1/_2$, et chaque inspiration en remplit environ le neuvième, soit un demi-litre. Or, on respire 18 fois par minute, à peu près

10 litres : on absorbe 600¹ par heure, 14,000¹ par jour. Un tiers n'arrive pas jusqu'aux lobules — les deux autres tiers sont utilisés — soit 10 mètres cubes par jour. Et pour que l'atmosphère demeure respirable partout où nous sommes enfermés, surtout la nuit, l'hygiène recommande de disposer d'au moins *10 mc par heure* dans un appartement. Et 8 fois plus dans un hôpital, soit 80mc par heure et par malade, d'un air prudemment renouvelé. Soyons plus difficiles sur la pureté de l'air que nous respirons que sur la qualité des aliments que nous mangeons. Et retenez que nous absorbons par jour plus d'oxygène que de pain : environ 600 litres, soit 750 grammes.

IV — Combustion respiratoire — Le jour où Lavoisier a dit : « *Vivre c'est brûler* » il a, du même coup, expliqué la respiration et fondé la chimie. Il comparait la respiration à la combustion d'une lampe ou d'un poêle, parce que, dans les deux cas, il y a production de chaleur, absorption d'oxygène, rejet de gaz CO^2 et de vapeur d'eau. C'est encore une sorte de fermentation. L'oxygène de l'air fait brûler le charbon, le bois, l'huile. Et si ce gaz est pur, au lieu d'être affaibli par $\frac{4}{5}$ d'azote, les substances flambent avec une merveilleuse activité : une allumette, presque éteinte, se rallume à plusieurs reprises; une spirale de fer se consume en crépitant. Bref, l'oxygène est le principe **comburant** qui fait brûler les combustibles en s'unissant à eux. Les globules rouges transportent, dans les capillaires, le gaz oxygène, et celui-ci fait brûler, d'une manière très compliquée, certains principes du sang, et les matériaux qui doivent être renouvelés. Les sucres et les alcools sont brûlés les premiers et très vite ; les graisses, plus lentement et avec régularité : ce sont les principes qui développent le plus de chaleur et dont on consomme d'avantage en hiver et dans les pays froids. Les provisions de graisse de l'organisme sont dépensées, et parfois rapidement, en cas de jeûne, de maladie, ou d'un *travail épuisant* comme le prouve l'amaigrissement des animaux hibernants qui dorment tout l'hiver (marmotte) ou des émigrants (caille) et la disparition de la bosse du chameau quand la caravane a terminé son pénible voyage. Et comme tous les principes du corps sont riches en charbon (carbone), on comprend que l'oxygène ait transformé ce charbon en gaz carbonique CO^2. Nos poumons exhalent, par jour, 480 litres de ce gaz, soit près de 850 grammes, la peau en rejette 30 grammes, total : 880 grammes : ils représentent 260 grammes de « *charbon brûlé* » et c'est la perte principale que doit réparer l'alimentation.

On démontre le rejet de *vapeur d'eau* en soufflant sur un objet froid et brillant que la buée ternit. On approche un petit miroir des lèvres de l'asphyxié pour voir s'il respire encore. Cette vapeur et celle que notre peau exhale sont très malsaines : elles ont fait partie intégrante du corps, elles sont animalisées. Si l'on condense celle qu'on recueille au sommet d'un théâtre, on voit bientôt naître dans ce liquide une multitude de petits êtres, infusoires et microbes. Le rejet du *gaz carbonique* se démontre en soufflant avec un tube dans de l'eau de chaux, liquide aussi transparent que l'eau pure, bien qu'il tienne de la chaux en dissolution. On le voit se troubler par la formation d'une sorte de craie insoluble qui se déposera, combinaison de la chaux avec l'acide carbonique : c'est du carbonate de chaux :

$$CO^2 \quad + \quad CaO \quad = \quad CO^2, CaO$$

gaz carbonique   chaux   carbonate de chaux *(craie)*

Et, si l'on insiste, si l'on continue de souffler, la liqueur redevient limpide, parce qu'il y a formation d'un autre composé qui est soluble, le bicarbonate.

V. — RESPIRATION COMPARÉE. — La moitié des animaux respire l'atmosphère. Presque tous ont des **poumons** ; ceux des mammifères et des oiseaux sont finement subdivisés en lobules. Pour les autres êtres, ces poumons sont des sacs, médiocrement gaufrés près des bronches chez les reptiles, plus ou moins feuilletés chez l'araignée et l'escargot. Leur respiration, étant localisée dans un organe, exige que la circulation soit nettement réglée. Les insectes offrent une disposition contraire ; ils respirent de tous côtés avec des tubes élastiques, les *trachées*, qui se ramifient jusqu'au bout des pattes : il n'est donc pas nécessaire que leur sang circule très régulièrement ; aussi ne possèdent-ils, à la sortie du vaisseau dorsal, que très peu d'artères, et pas du tout de veines.

L'autre moitié des animaux, à respiration aquatique, absorbe l'air qui est en dissolution dans l'eau. Cet *air dissous* est très riche en oxygène : 32 % au lieu de 21. Les mieux organisés ont des **branchies**, lamelles ou panaches criblés de capillaires, et que l'eau baigne de tous côtés. Le sang impur est amené dans les capillaires par les artères branchiales : il se purifie et, redevenu oxigéné il passe dans les veines branchiales. Les poissons, les crustacés, presque tous les mollusques ont des branchies. Les vers qui nagent portent ces houppes sur le dos, et ceux qui s'enfouissent ont leur tête couronnée de ces panaches. Une multitude d'êtres, les zoophytes, respirent uniquement à travers la peau par toutes leurs régions molles.

La grenouille, le crapaud, naissent avec des branchies qui sont remplacées par des poumons; ces êtres, nés aquatiques (*têtards*) se métamorphosent en êtres aériens, ce sont des poissons qui se transforment en reptiles (*batraciens*).

VI. — Récapitulations. — Nous venons d'étudier les trois grandes fonctions de la vie de nutrition, en mêlant la description des organes (Anatomie) à l'étude de leur rôle (Physiologie). Nous n'avons insisté que sur trois genres de membranes : 1º les **tuniques musculaires**, formées de fibres lisses, se contractent, quand il convient, sans que la volonté intervienne, car, cette vie de nutrition ne dépend pas du cerveau : elle est gouvernée par un système spécial, filets nerveux et petites masses dites *ganglions nerveux* dont l'ensemble est si bien coordonné, si plein d'harmonie, qu'on le nomme **grand sympathique**. C'est la tunique musculaire qui détermine les utiles contractions du tube digestif, des artérioles, des veinules et des bronchioles. 2º Les **membranes muqueuses** tapissent l'intérieur de la plupart des organes et des glandes ; elles se prolongent jusqu'aux lèvres et aux narines. Elles doivent leur couleur rouge à leur richesse en capillaires sanguins. La couche superficielle est protectrice, insensible, sans cesse renouvelée; ses cellules fondent en une humeur très nécessaire, le *mucus*; et leurs débris constituent les mucosités que balayent les cils vibratiles des bronches et de la trachée-artère. 3º Les **membranes séreuses**, minces et dures, sont très protectrices, lisses, onctueuses, doubles, c'est-à-dire à deux feuillets glissant l'un sur l'autre et produisant une humeur épaisse qui adoucit les frottements : la *sérosité*. Elles tapissent l'extérieur des viscères, les cavités closes, l'intérieur du cœur et des artères. Tels sont le *péritoine* de l'intestin, les deux *plèvres* des poumons, le *péricarde et l'endocarde* du cœur, l'*arachnoïde* du cerveau, les *bourses synoviales* qui tapissent les articulations des os.

D'autres fonctions complètent les trois premières, par exemple la **fonction lymphatique**. La lymphe est formée par le sang appauvri qui a filtré, sans les globules, à travers les capillaires pour rajeunir l'organisme, et par l'absorption des humeurs internes telles que la sérosité des séreuses, la synovie des articulations. La lymphe aide le sang veineux à balayer les débris de l'organisme restauré par le sang artériel. Elle contient des principes utiles et surtout des globules blancs. C'est pourquoi elle finit par se mêler

au sang des veines, dans les membres et dans les deux sous-clavières, après avoir circulé dans les *vaisseaux lymphatiques*, irréguliers, flexueux, communiquants, renflés en pelotonnements dits
ganglions lymphatiques. Ceux de l'abdomen deviennent **chylifères** après le repas ; ils aboutissent au *canal thoracique* qui remonte
la poitrine et se jette dans la veine sous-clavière gauche. Les
lymphatiques de la tête et du côté droit aboutissent au *grand
lympathique droit* qui n'a que quelques centimètres. L'excès de
lymphe est malsain, les tempéraments lymphatiques sont indolents
et prédisposés aux épidémies. C'est le cas des populations et du
bétail dans certaines grandes plaines (Hollande et dans les pays
marécageux (Dombes). Les ganglions se gonflent, on le constate
sur ceux qui affleurent ; c'est ce que le vulgaire nomme les *glandes
du cou* et l'expression n'est pas trop impropre car ces pelotonnements fonctionnant comme des glandes, produisent des élabora-
tions utiles, par exemple des globules blancs.

Non seulement, le sang doit être purifié immédiatement, dans
les poumons, de ses impuretés gazeuses, mais il doit abandonner
d'autres détritus dans plusieurs glandes. Il se débarasse de l'**urée**
de l'excès de sels et des *principes de la bile* au sein du foie, des
reins et des petites glandes de la peau qui produisent la *sueur*,
les humeurs grasses, etc. ; nous y reviendrons.

VIIe LEÇON

LA CHALEUR VITALE

I. — Température constante. — La chaleur du corps dépend
surtout de l'énergie de la respiration. Plus un être respire, plus il
consomme d'oxygène, et plus il a chaud. Si l'exercice musculaire
et la digestion réchauffent, c'est parce qu'ils augmentent la circulation du sang oxygéné, parce qu'ils doublent la dépense d'oxygène.
Sous ce rapport, qui est de premier ordre, deux Classes sont très
supérieures : les mammifères et les oiseaux. Leur sang est très
chaud et il doit conserver constamment cette chaleur. Ce sont les
êtres à **Température constante**. Pour les premiers 38° ; pour
les seconds 42° : c'est dire que les oiseaux respirent avec le plus
d'intensité. Et, en effet, leurs poumons communiquent avec des
réservoirs d'air, à savoir les grands os creux et 9 ou 11 sacs volumineux. Ces êtres supérieurs doivent, comme nous, lutter contre

les rigueurs de l'hiver et les ardeurs de l'été; un degré ou deux, en plus ou en moins, détermineraient la mort. La nature les a vêtus d'un véritable vêtement, *fourrure* ou *duvet*, qu'elle épaissit en automne, et qu'elle allège au printemps : ce sont les deux mues. Ce vêtement maintient la chaleur du corps pour un double motif : parce que les poils et les plumes ont ce pouvoir conservateur ; et, d'autre part, parce que les matières filamenteuses emprisonnent une *couche d'air* très préservatrice. L'air immobile s'oppose aux déperditions de chaleur : de là le bon effet des doubles fenêtres dans le Nord. Et comme la *couleur blanche* est la plus favorable au maintien de la température, quelques animaux des pays froids ont toujours une fourrure blanche (ours, lagopède, harfang) et d'autres deviennent blancs par leur mue d'automne : hermine, isatis, lièvre des Alpes. Ceux qui ont peu de fourrure ou qui vivent dans l'eau sont protégés par une épaisse couche de lard : porc, hippopotame, phoque, pingouin, manchot. — Quelques êtres exceptionnels *hibernent*, passent l'hiver en léthargie : marmotte, chauve-souris. Leur température baisse, sans inconvénient, parce que la respiration se ralentit beaucoup : toutefois elle n'est pas nulle. Le peu d'oxygène absorbé fait brûler les provisions de graisse déterminée par la voracité de l'hibernant avant de s'endormir. Ces êtres se réveillent amaigris et affamés ; ceux qui ont fait des provisions de nourriture pour le réveil sont très nuisibles à l'agriculture : campagnol, hamster.

II. — Notre température — Elle est de $37°1/2$: elle doit demeurer constamment $37°,5$. Nous luttons contre le froid par l'exercice musculaire, l'alimentation plus abondante ; aliments gras et féculents, boissons alcooliques ; les épais vêtements qui immobilisent une couche d'air; les doubles fenêtres ; les divers modes de chauffage. Nous luttons contre l'été en favorisant la production et l'*évaporation* de la sueur avec les fruits aqueux et les boissons acidulées; les vêtements légers et de couleur claire, qui repoussent les rayons du soleil; les bains froids. En prenant des précautions, l'homme a toléré des écarts de chaleur extérieure de 210 degrés, sans que sa température cessât d'être $37°,5$: il a souffert $72°$ au pôle nord, et il a bravé dans un four sec, une chaleur de $138°$.

Les explorateurs du pôle ont subi pendant plusieurs semaines un froid excessif; le thermomètre s'est abaissé a $72°$ au-dessous de zéro. Et pourtant, grâce aux conseils de leurs officiers, les équipages n'ont pas trop souffert. On évite surtout le contact des métaux, une timbale de métal brûlerait les lèvres comme le fait un fer rouge. L'excès de froid ressemble à l'excès de chaleur. C'est pendant la terrible retraite de Russie que l'on a constaté les effets d'un hiver rigoureux : engourdissement, mal aux yeux, soif ardente, sommeil irrésistible ; le froid congestionne le cerveau et altère les globules qui forment des caillots ; la circulation s'arrête.

On peut tolérer de vives chaleurs pourvu que leur sécheresse favorise l'évaporation rafraîchissante de la sueur. C'est Franklin qui l'a observé le premier, en voyant des moissonneurs braver les ardeurs du soleil en buvant beaucoup d'eau presque sans mélange. Aux premières années de ce siècle « l'Homme incombustible » demeurait un quart d'heure dans un four, à 110°. garanti par un épais vêtement de laine blanche rappelant le burnous arabe. Il tenait dans une assiette de la viande et des pommes et il attendait qu'elles fussent cuites. On avait vu un spectacle encore plus extraordinaire, vers 1760, au village de La Rochefoucault (Charente) : les 3 servantes du four public entraient dans ce four pour le balayer : elles y restaient 10 minutes à 132° et cinq minutes à 138°! — Mais lorsqu'au lieu d'être sèche et, par suite, de favoriser l'évaporation de la sueur, la chaleur est humide, elle devient intolérable. On ne reste guère dans les étuves de vapeur, maures et russes, à 55° ; et il est difficile de demeurer 8 minutes dans un bain d'eau à 45°. La chaleur humide des tunnels et des mines décimerait les ouvriers qui les creusent, si l'on ne prenait de grandes précautions.

III. — Température variable. — A partir des reptiles tous les animaux ont une respiration médiocre et une activité vitale restreinte, surtout en hiver : ils produisent beaucoup moins de chaleur, et leur **température variable** subit sans inconvénients les écarts considérables que déterminent les saisons. Leur sang est **froid** en hiver; il peut être tiède en été. Les reptiles ont de 4 à 8 degrés de plus que le milieu ambiant, air ou eau, qui les entoure. Ils recherchent le soleil. Faibles dans les régions tempérées et engourdis par l'hiver, dangereux sous la zone tropicale par leur taille ou leur venin. Les poissons n'ont qu'un degré de plus que l'eau, sauf les plus actifs : brochet 4°, requin 10°. Pendant l'hiver le fond des eaux conservant + 4°, température du maximum de densité, les protège contre la gelée. Quant aux invertébrés, ils n'ont qu'une fraction de degré de chaleur. Plusieurs petits êtres, tardigrade, rotifère, angullule, se prêtent à la curieuse **reviviscence** : on les dessèche à 120°, ou bien on les congèle :

la vie demeure *latente* en eux pendant des années entières,
comme dans une graine, et si on les humecte d'une goutte d'eau,
ou si on les réchauffe progressivement, ils se raniment et reprennent le cours de leur vie suspendue.

ASPHYXIE

I. — On nomme asphyxie la mort par privation d'air. Mort
réelle ou apparente provenant d'un trouble grave dans la respiration. Parfois le souffle est arrêté ; il ne ternit pas le miroir exposé
aux lèvres de l'asphyxié. Le pouls, le cœur ont cessé de battre. Il
faut donc rétablir simultanément la respiration, la circulation et la
chaleur. On pratique la « respiration artificielle » en faisant exécuter les mouvements respiratoires : on insuffle de l'air, ou mieux, un
mélange d'oxygène 70 o/o et d'air ; on frictionne, on électrise, on
emploie des flanelles chauffées. Voilà pour l'asphyxie simple,
c'est-à-dire sans empoisonnement par submersion, strangulation,
excès de froid ou de chaleur, manque d'air aux mineurs ou aux
plongeurs, etc. Et s'il y a empoisonnement on combat cette
asphyxie toxique en administrant le contre-poison lorsqu'il y en a
un.

II. — Gaz Carbonique. — L'atmosphère n'en renferme que
0,0004 et cette faible proportion est indispensable aux plantes qui
l'absorbent par leurs feuilles pendant le jour sous l'influence du
soleil. Quand la quantité est de 0,001, on souffre d'un violent mal
de tête ; à 0,01 il surexcite les nerfs, puis assoupit et s'oppose à la
purification pulmonaire ; il tue à la dose de 0,3. C'est le gaz qui
asphyxie le vigneron dans le pressoir ou la cuve, le brasseur dans
le germoir (à orge) et la brasserie, parce que la fermentation du vin
et de la bière en dégage énormément ainsi que la germination des
graines. On prévoit le danger avec une longue perche portant une
bougie allumée ; elle s'éteint ; alors on ventile, et l'on jette de l'eau
de chaux. Il faut bannir les animaux de la chambre à coucher ; les
plantes aussi, car, à l'inverse de ce que fait la feuille dans le jour,
le végétal exhale du gaz carbonique pendant la nuit. La plupart
de nos modes de chauffage et d'éclairage produisent du gaz CO_2.
Les mines, les carrières abandonnées, les terrains volcaniques en
dégagent. La « *Grotte du Chien* », près de Naples est célèbre ; le
gaz très lourd reste au voisinage du sol, de sorte qu'un chien est
asphyxié, tandis que le visiteur n'est nullement incommodé, à
moins qu'il ne se baisse. Dans la « *Vallée de la Mort* » à Java, on

voit çà et là des squelettes d'animaux surpris par les infiltrations asphyxiantes.

III.— Air Vicié. — L'air confiné asphyxie par insuffisance d'oxygène, excès de gaz CO^2 et de vapeur d'eau chargée de miasmes. On cite quelques exemples terrifiants. En six heures, sur 146 prisonniers anglais entassés dans une étroite salle, 123 moururent dans d'horribles souffrances (Calcuta, 1750). Au lendemain d'Austerlitz sur 300 Autrichiens enfermés, la nuit, dans une cave, 260 expirèrent misérablement. Il faut donner de l'air aux appartemens et surtout aux chambres à coucher ; bannir de ces dernières tout ce qui, comme nous, consomme de l'oxygène et rejette du gaz CO^2 : poëles, lampes, animaux, plantes. Renouveler l'air pur prudemment, par une ventilation modérée, à raison de 10 mètres cubes par heure et par personne : et 8 fois plus dans un hôpital. La vapeur d'eau animalisée est chargée de miasmes infectieux, ils peuvent transmettre la fièvre typhoïde. Certaines agglomérations de malades ou de blessés ont souvent engendré le typhus, plus meurtrier que le canon.

IV. — Gaz toxiques, vénéneux. — **1º L'Oxyde de carbone, CO** se dégage dans toutes les combustions incomplètes où l'oxygène est insuffisant : poêles de fonte incandescents, vernis à la plombagine ; chaufferettes trop garnies; réchauds où le révèle sa flamme bleue; incendies de théâtre. A la dose de 0,03 il empoisonne, et l'on ne connaît aucun contre-poison. Le sang de l'asphyxié demeure vermeil, tandis que dans tous les autres cas il est noir. **2º Gaz sulfhydrique** infect et terrible « plomb » qui foudroie dans les fosses mal ventilées; on le combat en faisant respirer avec précaution du chlore. **3º** Le **Protoxyde d'azote** et l'oxygène comprimé endorment la sensibilité comme l'éther ou le chloroforme; les chirurgiens les administrent avec beaucoup de précautions, car ce sont des gaz dangereux. On rattache aux cas précédents l'asphyxie par le gaz d'éclairage, le grisou des houillères, les émanations méphitiques des égouts, des amidonneries, des routoirs etc.

V. — Manque d'air. — Quand on s'élève dans les « régions raréfiées » on s'expose à une véritable asphyxie par manque d'oxygène. C'est ainsi que le **Mal des Montagnes** commence à se faire sentir dans les Alpes à partir de 2.000 mètres. Les religieux du mont Saint-Bernard (2.500 ᵐ) souffrent en accomplissant leur noble mission. Au delà, le touriste ressent une incroyable fatigue provenant du manque d'oxygène; les muscles ne reçoivent qu'un sang pauvrement oxygéné, alors qu'on leur impose une tâche écrasante. De Saussure s'arrêtait forcément tous les vingt pas sur les glaces du Mont-Blanc 4.800ᵐ. A certains jours les guides les plus exercés, les plus vaillants, s'avouent vaincus et redescendent, malgré les instances du voyageur que soutient l'amour de la science. Ils renoncent à lutter contre les douleurs de tête, éblouissements, palpitations, nausées. prostration. sommeil invincible. Les neiges éternelles augmentent beaucoup le mal des montagnes et les Alpes sont plus spécialement dangereuses. Près de l'équateur, on vit parfaitement à 4.000ᵐ, (Potosi, Antisana) ; seulement cette race des Incas est caractérisée par l'ampleur de la poitrine, la largeur des poumons. Les hauts-plateaux du Thibet. 4.800ᵐ sont habités par des populations étiolées, anémiques. Des explorateurs ont escaladé les plus hautes cimes de l'Himalaya, le Gaurisankar à 8.050ᵐ. Remarquez que l'on monte lentement et qu'on est libre de s'arrêter.

Il n'en est pas de même pour les **aéronautes** qui ont surtout à redouter une brusque élévation du ballon, produisant une brusque décompression atmosphérique et une immédiate privation d'oxygène. Cette diminution de pression atmosphérique détermine, dans le corps, de très graves infiltrations des liquides et expansions des gaz. Le sang jaillit par le nez et les oreilles ; le diaphragme est paralysé. Le froid, la sécheresse, les difficultés de la direction du ballon, mille causes augmentent le danger. Mais le principal consiste dans le manque d'oxygène, et quand sa proportion est réduite de moitié dans le sang artériel, soit 9 vol. au lieu de 18, la vie n'est plus possible, vers 8.600ᵐ. Telle est la limite qui ne sera jamais impunément atteinte, quand bien même on emporterait dans des ballonets les provisions d'oxygène 70 o/o conseillées par P. Bert. C'est ainsi que sont morts, dans leur zèle pour la science, deux des aéronautes du *Zénith*, Sivel et Crocé-Spinelli : le 3ᵐᵉ, M. Tissandier, de santé moins robuste, sauvé par son évanouissement même (comme l'avaient été, dans de célèbres ascensions, Glaisher et Coxwell) a décrit le vertige, l'extase, la surexcitation, la prostration et l'asphyxie dont il furent saisis. Le *Zénith* a flotté pendant 2 heures entre 8.400 et 8.600 mètres : 15 août 1875.

Lecture. — Quelques passages de l'article publié dans *la Nature* par M. G. Tissandier au lendemain de ce douloureux événement.

———————

VIIIe LEÇON

LES OS. — LE SQUELETTE

I. — Les Os. — On nomme Vie de Relation, ou vie animale proprement dite, l'ensemble des phénomènes de *sensibilité* et de *mouvements volontaires* qui caractérisent les animaux. Les plantes en sont dépourvues. C'est le *système nerveux* qui est sensible et qui gouverne les mouvements. Le cerveau commande les mouvements volontaires ; les nerfs transmettent ses ordres, et les *muscles* se contractent pour entraîner les *Os* mobiles. Quant aux os immobiles, ils servent de base aux autres, et ils ont un rôle protecteur évident.

Le **squelette** commence par être mou, cartilagineux ; on manie avec précaution les petits êtres, surtout la tête qui pourrait être déformée. L'os durcit par une incrustation régulière de sels calcaires ;elle s'accomplit autour de points déterminés ou « points d'ossification ». Dans les grands os, il y en a trois, très symétriques, parce que l'os est divisé en 3 régions qui se soudent seulement de 20 à 25 ans. Jusque-là,on grandissait ; quand la soudure est achevée, on cesse de grandir. Curieuse observation : en multipliant l'âge de croissance d'un être par 4 ou 5, on obtient la durée probable, possible, de son existence : soit, pour nous, $25 \times 4 = 100$ ans. Pour le cheval, $7 \times 4 = 28$ ans. L'extérieur des os longs est beaucoup plus dur que l'intérieur qui se creuse et se remplit de **moëlle** : le tissu *compacte* entoure le tissu *spongieux*.

Les os sont formés, nourris, entretenus, de trois manières : 1° par la membrane qui les entoure,dite **périoste** ;2° par les vaisseaux sanguins qui pénètrent les profondeurs de l'os à travers les fins canaux dont il est criblé ; 3° par sa moëlle, active tant qu'elle est jeune et rosée, mais qui devient grasse, jaune, inerte. Flourens a montré que le rôle du périoste est capital. Quand il mêlait un peu de garance à la nourriture de petits animaux, un *anneau rouge* se formait autour du centre blanc des os. Dans toute amputation, le chirurgien respecte le plus possible le périoste(et la moëlle rosée); on cite des cas admirables de régénération d'os fracassés ou cariés: le tibia de la jambe d'un jeune homme.

II. — Composition des os, et, pour mieux la comprendre, **modifications chimiques** des os :

31 Osséine gélatineuse........... 31

69 Sels Calcaires { Phosphate de chaux 60 / Carbonate de chaux 6 / Divers.......... 3

100

1° Quand on attaque un os par un *acide*, celui-ci dissout les sels calcaires, isolant l'osséine qui conserve la forme primitive; on obtient ainsi des pièces anatomiques légères. 2° *L'eau surchauffée* dans la marmite de Papin donne d'abord, en dissolvant la graisse des os, et quelques principes albumineux, un bouillon passable. Tel était le but du médecin philanthrope qui a transformé le monde, alors qu'il cherchait à soulager la misère. Une action prolongée de l'eau surchauffée transforme l'osséine en gélatine, soluble; c'est plutôt un apéritif qu'un aliment : la gélatine enrichit le suc gastrique en pepsine. En concentrant la gélatine, on obtient la colle-forte. On traite d'abord les os par l'acide chlorhydrique, et l'on ajoute des peaux, des cartilages, des tendons.

3° *En calcinant les os à l'air libre*, on désorganise l'osséine qui s'échappe en fumée, et l'on obtient la matière minérale, blanche friable: engrais excellent mais couteux, et source industrielle du phosphore. 4° Et si l'on *calcine en vase clos*, on obtient le Noir animal : la carbonisation de l'osséine forme un charbon qui associé aux sels calcaires, constitue une masse poreuse, employée à décolorer les sucres, sirops, vinaigres, etc..

III. — ARTICULATIONS. — Pour se raccorder, deux os voisins présentent des surfaces qui se moulent l'une sur l'autre. Quand la région doit être immobile, protectrice, comme pour le crâne qui abrite la cervelle, les os engrènent d'une manière sinueuse, merveilleusement dentée. Dans les articulations mobiles, les surfaces de contact demeurent cartilagineuses. Si les 2 os sont tous deux mobiles, leurs extrémités sont contournées en poulies : coude, genou, jointures des doigts. Sinon, l'os immobile se creuse d'une cavité qui reçoit la tête arrondie de l'os mobile ou sa saillie pointue : tête de l'humérus du bras, tête du fémur de la cuisse. L'intérieur de l'articulation est humecté par une *bourse séreuse* qui sécrète la *synovie* : l'extérieur est maintenu par des ligaments et surtout par l'épaississement du périoste en *capsule*.

IV. — LES OS DE LA TÊTE. — On distingue 2 régions, le crâne et la face. Le crâne sert à protéger la cervelle; il est formé de 8 os admirablement engrénés : le *frontal* du front, les 2 *pariétaux* des parois, les 2 *temporaux* des tempes, *l'occiptal* de la nuque, et 2 os internes compliqués, qui raccordent les autres os entre eux et à ceux de la face, *sphénoïde* et *ethmoïde*. La **face**, qui abrite les organes des sens, est formée par 13 os : les 2 *nasaux* et les cornets inférieurs du nez, le *vomer* qui partage cet organe en 2 moitiés, les *lacrymaux* qui abritent les glandes lacrymales, les *palatins* de la voûte du palais, les jugaux des joues, les 2 *maxillaires sup.* de la mâchoire du haut, et l'os *maxillaire inf.* provenant de la soudure intime de 2 moitiés. Un seul os ne se raccorde pas au squelette, il protège la gorge : l'os hyoïde.

V. Colonne vertébrale. — C'est la base du squelette ; tous les autres os viennent s'y appuyer. D'autre part elle est creuse, elle constitue un *fourreau protecteur du rachis* ou moëlle épinière, cordon nerveux qui relie la cervelle aux nerfs du corps. Ce double rôle est tellement important que l'on nomme Vertébrés les animaux supérieurs, indiquant par ce seul mot, qu'ils ont un squelette, une cervelle et une moëlle épinière. Notre colonne vertébrale présente une triple courbure pour assurer la station verticale qui caractérise l'homme, la tête se tient droite, le corps se tient debout. Elle est formée par l'empilement de 31 **vertèbres** creuses, à savoir :

7	Vertèbres cervicales du cou
12	V. dorsales du dos
5	V. lombaires des reins
4	V. sacrées du sacrum
3	V. coccygiennes du coccyx
31	

La 1re vertèbre, **l'atlas**, porte la tête : c'est un anneau qui reçoit, dans 2 petites cavités, les 2 saillies de l'os occipital. Cet anneau peut tourner autour de la 2e vertèbre, l'Axis, qui s'allonge en cône ou en pyramide, et c'est ainsi que la tête tourne sur les épaules. Les autres vertèbres, de plus en plus grosses, se ressemblent assez. En avant, un corps arrondi : en arrière un arc osseux, muni de pointes ou apophyses, dont les 3 principales servent de point d'attache aux muscles qui fléchissent la colonne vertébrale. Entre ces 2 régions une ouverture « le trou rachidien » la superposition de ces trous forme le fourreau rachidien qui abrite le rachis ou moëlle épinière. Les nerfs sortent entre les vertèbres par de petites échancrures « trous de conjugaison » Certaines vertèbres portent en avant un arc osseux beaucoup plus large, ce sont les côtes et le bassin.

VI. — Thorax et Bassin. — La cage thoracique abrite le cœur et les poumons ; elle est assez mobile pour jouer un rôle dans la respiration. Le thorax est formé, en arrière, par les douze vertèbres dorsales du dos ; en avant, par un os vertical, le *sternum*, et, sur les côtés, par les douze paires de **côtes** qui se raccordent au sternum par une région demeurée cartilagineuse. Les 7 premières, dites côtes vraies, se relient directement au sternum : et les cinq autres, dites fausses, indirectement. Les trois dernières, libres, flottantes, servent beaucoup plus que les supérieures à la respiration, avec le concours du diaphragme.

Le **bassin** abrite imparfaitement les viscères de l'abdomen et sert de base aux membres inférieurs. Il est formé, en arrière, par la soudure des 7 vertèbres sacro-coccygiennes que termine le coccyx ou os du siège ; sur les côtés par l'os *iliaque* des hanches, et, en avant, par les 2 os *pubis*, non soudés, formant l'arcade pubienne qui est le type des articulations demi-mobiles, dans le genre du raccordement des vertèbres. Nous comparerons le bassin à l'épaule.

<hr>

IXᵉ LEÇON

LE SQUELETTE *(suite)*.

VII. — LES BRAS. — Nos membres supérieurs sont destinés à saisir rapidement. Ce qui domine en eux c'est l'agilité plus encore que la force. C'est pourquoi leur base est assez mobile : l'**épaule**. Elle est formée, en arrière, par un grand os triangulaire, l'*omoplate*, et, en avant, par la *clavicule* qui s'étend de l'omoplate au sternum. L'ensemble des 4 os forme un arc double, une ceinture dite « scapulaire ». Une cavité de l'omoplate reçoit la tête ronde de l'os du bras. La clavicule qui contribue à redresser la tête, à effacer les épaules, à saisir des deux bras, caractérise les êtres grimpeurs. Le Bras proprement dit est formé par un os, l'**humérus** : sa tête ronde tourne librement contre l'omoplate; l'autre bout s'épanouit en large poulie. Ce grand os est tordu, comme le sont, d'ailleurs, presque tous les os longs : on dirait la moitié d'un pas de vis. De la sorte les muscles s'attachent obliquement, ce qui donne aux mouvements plus de souplesse et de grâce : sinon ils seraient brusques, rigides.

L'Avant-bras est constitué par 2 os parallèles, qui peuvent se croiser : le *cubitus*, dont la saillie forme le coude, s'amincit vers le poignet ; le *radius*, au contraire, est beaucoup plus large au poignet. Son nom indique qu'il tourne, en X, autour du cubitus, lorsque la main s'apprête à saisir, pouce en dedans. Notre **poignet**, ou **carpe**, possède une souplesse très grande, déjà bien moindre chez les singes ; il est formé de 7 petits os mobiles, placés sur deux rangs. La première rangée se compose de 3 os : *scaphoïde, semi-lunaire, pyramidal* ; plus un supplémentaire, très petit, logé dans un tendon, le *pisiforme*, gros comme un pois. La deuxième rangée est formée de 4 os : *trapèze, trapézoïde, grand os, os crochu.* Après le poignet vient la main, admirablement disposée pour saisir ; et d'abord la **paume** ou le dos, région nommé **métacarpe**, parce qu'elle fait suite au carpe. Elle est formée de 5 os métacarpiens ; le cinquième, qui porte le pouce, est libre à son extrémité. Puis, les **doigts**, formés, chacun, d'une *phalange*, une *phalangine* et une *phalangette* qui porte l'ongle. La main est caractérisée par un **pouce opposable**, qui peut être opposé aux autres doigts et à la paume, car il possède huit muscles spéciaux. Le pouce n'a pas de phalangine.

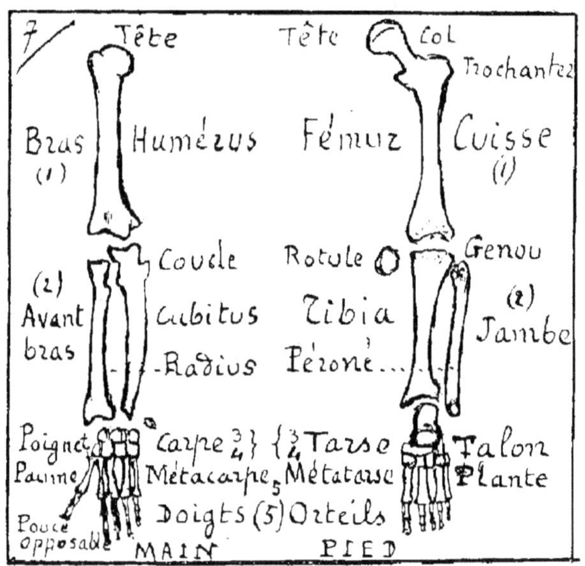

VIII. — Les Jambes. — Ce qui domine dans nos membres inférieurs, c'est la force que réclament la marche et la station verticale, l'acte de se tenir debout. Leur base est immobile : c'est le **bassin** que l'on compare à l'épaule. Ainsi l'os **iliaque** des hanches rappelle l'omoplate, et l'arcade *pubienne* est comparable à celle des clavicules. L'ensemble de ce double arc constitue la ceinture sacrée analogue à la ceinture scapulaire : chez certains animaux, les deux ceintures sont identiques (tortue). Notre Cuisse est formée d'un seul os, le plus volumineux de tous, le **fémur**, dont la tête ronde tourne assez librement dans une cavité de l'iliaque. Au-dessous, une région rétrécie, le col du fémur, se fatigue avec les années, et devient fragile chez le vieillard. Une saillie robuste, le *trochanter*, reçoit des muscles importants de la marche. L'articulation de la cuisse avec la jambe, le **genou**, est renforcée par un petit os spécial, la **rotule**, qui n'a pas son homologue au coude. La Jambe proprement dite est formée de 2 os parallèles, très inégaux, le **tibia** et le *péroné*, qui rappellent le cubitus et le radius, bien que le péroné ne tourne pas autour de son voisin. Puis vient la région que l'on compare au carpe ou poignet, et qui est formée, comme lui, de 7 os : le **tarse**. Il constitue le talon en arrière et le cou-de-pied en avant. Le talon est constitué par le *calcanéum*. Sur le devant, l'*astragale*, est suivie du scaphoïde : les quatre autres forment une rangée ; ce sont le cuboïde et les trois cunéiformes un peu coniques.

Notre Pied, n'étant pas fait pour saisir, s'étale largement pour la station debout et la marche. Et d'abord la **plante** ou le dos, région dite **métatarse** parce qu'elle fait suite au tarse. Elle est formée de cinq os métatarsiens : le cinquième, qui porte le gros orteil, est libre à son extrémité. Puis les **orteils**, formés chacun, comme les doigts, de trois phalanges. Le gros orteil n'a pas de phalangine ; il n'est pas opposable ; ce n'est pas un pouce : le pied n'est pas une main. Il n'en est pas de même des singes : ils sont quadrumanes pour vivre dans les arbres. L'homme est bimane et bipède.

Note. — Remarquer, dans les deux sortes de membres, la progression 1, 2, 3, 4, 5. Ainsi, 1. Humerus, fémur ; 2. Cubitus et radius ; tibia et péroné : 3. première rangée du carpe et du tarse ; 4. Deuxième rangée : 5. Les métacarpiens et métatarsiens, les doigts et les orteils.

Ne pas dessiner l'ensemble du *squelette*, mais certains détails ; les membres, une vertèbre, les 2 premières, le temporal et le maxillaire inférieur. Pour 10 centimes l'éditeur Deyrolle vend un ensemble très satisfaisant.

Expliquer quelques termes : tibia, en flûte ; cubitus ; humérus...

IX. — Quelques modifications du squelette chez les mammifères. Le cou est toujours formé par sept vertèbres cervicales, aussi bien chez la girafe que chez le bœuf. La queue est constituée par les vertèbres caudales : 45 chez le pangolin ; 30 chez le sapajou qui l'enroule autour des branches. Les dispositions des membres correspondent à celles de la dentition : elles révèlent le genre de vie et le régime de l'animal. Ainsi les Félins (chats) sont armés de griffes encore plus terribles que leur crocs ; les Ruminants n'ont qu'un sabot aussi inoffensif que le devant de leur mâchoire. Disproportion des membres des sauteurs : kangurou, gerboise. Quelques explications : le chien alerte esr digitigrade ; l'ours est lourdement plantigrade. Pelles de la taupe ; quatre rames du phoque deux nageoires du dauphin ; ailes de la chauve-souris sur _ doigts allongés. On voit s'allonger de plus en plus les deux régions qui correspondent à la paume de la main et à la plante du pied le métacarpe et le métatarse. C'est un levier de plus pour la course Tel est le **canon** de beaucoup d'herbivores. Celui des ruminants es double et suivi de deux doigts formant un sabot fourchu. Le canon du cheval est simple et suivi d'un seul doigt, dont les 3 phalanges sont nommées paturon, couronne, et pied ou sabot. Dans la majorité des mammifères le nombre des doigt est 5. Quand il es moindre, c'est d'abord le correspondant du pouce qui disparai (l'hippopotame a 4 doigts) ; ensuite le petit doigt (le rhinocéros a 3 doigts ; puis le correspondant de l'index (les ruminants on 2 doigts) : enfin l'annulaire ; le doigt unique du cheval correspond à notre médius ou médian.

LES MUSCLES

Les muscles sont les organes fibreux, mous, élastiques, qui se contractent sous l'influence des nerfs. On les divise en deux catégories suivant que les **fibres** qui les constituent sont lisses ou striées. Nous connaissons les **muscles lisses** (page 29) ce sont les serviteurs de la vie de nutrition ; ils ne se rattachent pas aux os Ce sont eux qui constituent la tunique musculaire, aux mouvements très utiles, du tube digestif, du tube respiratoire, des vaisseaux sanguins, de la vessie. On cite encore les cils vibratiles du nez et du tube respiratoire, repoussant les poussières et balayant les mucosités, et l'*iris* coloré de l'œil. Cet écran est percé d'une ouverture noire, la pupille ou prunelle, par laquelle entrent les rayons de la lumière ; il se contracte en plein soleil, et il se dilate dans l'obscurité. Les muscles lisses ne dépendent pas de la volonté ; ils obéissent lentement au système nerveux grand sympathique. On ne mange pas cette sorte de tissus, peu agréables au goût, peu nutritifs, et difficiles à digérer.

Au contraire, ce que nous mangeons, ce sont les **muscles striés**, dont l'ensemble constitue la chair, la viande. La plupart de ces muscles se rattachent au squelette ; ils obéissent rapidement aux ordres du cerveau et leur contraction déplace les os mobiles. Ils sont formés de **fibres striées**, réunies, groupées, solidarisées par un fourreau blanc, nacré, l'*aponévrose*. Cette gaine se prolonge pour relier le muscle à l'os, soit en une *lame aponévrotique*, qui s'étale sur l'arête de l'os, soit en un cordon dur, insensible,

inextensible, le **tendon**, qui s'insère aux saillies ou apophyses.
Le plus gros tendon est celui d'Achille qui relie le mollet au talon.
Le muscle le plus connu est le **biceps** qui fléchit l'avant-bras sur
le bras, pour soutenir un fardeau, ou rapprocher la main de l'é-
paule; son nom indique qu'il se bifurque à l'épaule où 2 tendons l'attachent. Son antagoniste, le triceps, a 3 tendons. Les
nombreux muscles des phalanges, des phalangines et des phalangettes, qui les étendent ou les fléchissent en même temps, possèdent 5 tendons. Le vulgaire nomme « nerfs » les tendons qui
affleurent, comme ceux des mains et du cou. Quant au « nerf de
bœuf » qui soutient la tête des grands herbivores, ce n'est pas un
tendon, mais un ligament jaune, très élastique. Parfois, plusieurs
muscles sont associés, groupés; le mollet est formé de 6 mus-

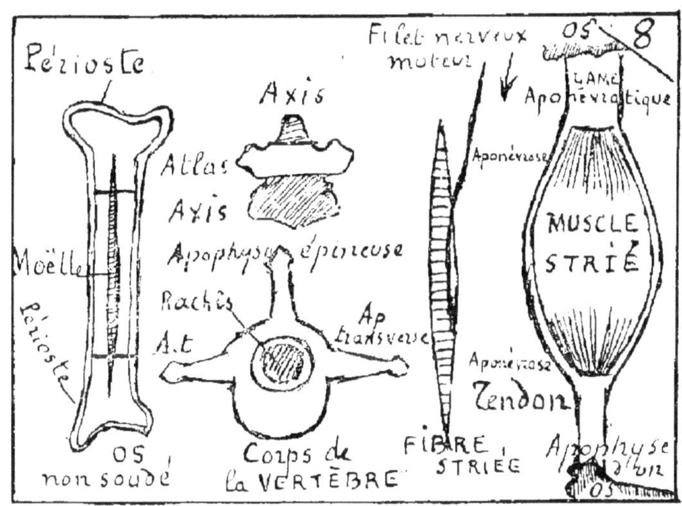

cles, la langue est très compliquée. Rappelons le diaphragme et
le cœur.

Les muscles striés obéissent à la volonté. Le cerveau commande
le mouvement et le nerf transmet l'ordre; or, les nerfs se ramifient à l'infini au sein des muscles, en filaments que terminent de
petites plaques et, sous leur excitation, les muscles se contractent.
Le raccourcissement est de un tiers environ. Il peut s'accomplir
encore, sous l'influence de l'électricité, de la chaleur, d'un acide, etc.
Quand un muscle menace d'être paralysé, on le fait travailler
avec des appareils électriques. Un muscle contracté est plus gros,
plus dur, plus chaud et plus foncé. Car il reçoit davantage de
sang oxygéné; les combustions redoublent. L'oxygène se trans-

forme en gaz carbonique qui noircit le sang, la chaleur augmente et c'est une partie de cette chaleur qui se transforme en force, en travail. Les muscles des ouvriers sont plus robustes et plus foncés; la chair du gibier est plus dure et presque noire.

La viande est formée, en moyenne, de 74 % d'eau, 4 de graisse et de sels, 6 de gélatine et 16 de diverses albumines, toutes nutritives, mais à des degrés divers. Elle doit son parfum au principe nommé osmazône. C'est l'aliment le plus nourrissant : la chair entretient la chair. Le muscle le plus connu, c'est la côtelette, ou muscle élévateur des côtes du mouton. La viande des animaux adultes, bœuf, mouton, est plus foncée et plus nourrissante, elle est nécessaire aux travailleurs. La chair blanche, gélatineuse des jeunes êtres, veau, agneau, du poulet et du poisson, convient aux hommes d'étude. En général, la viande des animaux domestiques est blanche (porc, lapin, pintade) et moins parfumée que la chair presque noire du gibier : sanglier, lièvre, bécasse.

Xᵉ LEÇON

LE SYSTÈME NERVEUX

I. — INTRODUCTION. — La sensibilité, le jugement, la volonté caractérisent l'animal : ces fonctions résident dans la matière nerveuse. L'ensemble du système est nommé **cérébro-épinal**, ou **encéphalo-rachidien** parce qu'il se subdivise ainsi : 1° la *cervelle* ou *encéphale* que le crâne abrite ; 2° le *rachis* ou *moelle épinière* que protège la colonne vertébrale ; 3° les *nerfs* qui, émanés de ces deux **centres nerveux**, la cervelle et le rachis, se ramifient partout, afin de porter dans l'organisme la sensibilité et le mouvement. La substance nerveuse, en général comestible, est formée de 7 % d'albumines, de graisses phosphorées et de sels, 88 d'eau. Elle se présente sous deux aspects : la **matière grise**, essentiellement active, est formée de cellules ; elle domine à l'extérieur de la cervelle. La **matière blanche**, simplement conductrice, est formée de tubes ou filets nerveux, elle domine dans les nerfs qui se bornent à transmettre comme des fils télégraphiques. Ils transmettent au cerveau les impressions de la sensibilité, et aux muscles les ordres de mouvement émanés du cerveau. Le rachis gouverne certains mouvements involontaires par son centre « gris » et il sert de trait-d'union entre la cervelle et les nerfs, par 6 cordons blancs externes, et par l'ensemble de sa constitution.

II. — Cervelle ou encéphale. — (*képhalé*, tête). On y distingue 5 régions fondamentales : 1° le cerveau ; 2° le cervelet ; 3° *les 2 lobes olfactifs* de l'odorat, petites massures qui terminent, en avant du cerveau, les 2 nerfs de l'odorat : c'est là que l'on apprécie les odeurs ; 4° *les 4 lobes optiques* de la vue reçoivent incomplètement les deux nerfs optiques après leur croisement incomplet ; ils jouent un rôle important dans la perception de la vue. Quand ils sont blessés l'être est aveugle : 5° *Le buble rachidien* sert de trait-d'union entre le cerveau et le rachis, et il gouverne seul d'utiles mouvements involontaires, instinctifs. Ces régions si dissemblables chez nous, tendent vers une sorte d'égalité qu'elles atteignent chez les poissons. A mesure que le cerveau diminue, par une véritable compensation les lobes de l'odorat et de la vue augmentent.

L'Encéphale est protégé par le crâne et par 3 membranes ou méninges : 1° la **dure-mère**, externe, soudée au crâne, elle loge des sinus veineux. Elle envoie 2 prolongements, l'un vertical, la *faux du cerveau* sépare les deux moitiés du cerveau ou hémisphères cérébraux, l'autre horizontal, la *tente du cervelet*, sépare le cerveau du cervelet ; 2° l'**arachnoïde**, fine séreuse à double feuillet, sécrète une sérosité qui protége la cervelle contre les chocs, 3° la **pie-mère** est une muqueuse qui tapisse fidèlement les circonvolutions de la cervelle. Molle dans la tête, elle devient dure autour du rachis et des nerfs où elle se continue. Le rachis est protégé, lui aussi, par les 2 premières méninges, et le liquide de l'arachnoïde. La méningite résulte de l'inflammation des 2 membranes molles.

III.— Cerveau. — C'est le siège de la sensibilité, du jugement, de la volonté, bref de l'intelligence. C'est en lui que naissent les idées, soit spontanées, soit provoquées par une influence sensible. Lorsqu'on souffre au doigt, c'est le cerveau qui souffre dans une région déterminée : le nerf a transmis la douleur. Qu'on engourdisse le doigt en le liant fortement, ou que l'on coupe le nerf, et l'insensibilité sera complète ; On pourra mutiler le doigt sans éprouver de douleur. Ce n'est donc pas le corps qui souffre, c'est le cerveau. C'est lui aussi qui gouverne les mouvements volontaires ; son ordre est transmis par le nerf, et les muscles du doigt exécutent le mouvement commandé.

Notre cerveau pèse 1 k. 3 ; il est partagé en 2 *hémisphères* que sépare la faulx, et que réunit une lame blanche nerveuse, le *corps calleux*. Les 2 matières nerveuses, la grise externe, et la blanche interne, forment mille *circonvolutions* qui dénotent la supériorité. Deux sillons un peu plus accentués les subdivisent en 3 régions ou lobes : 1° le *lobe frontal* qui parait présider à la mémoire et au jugement : le front est plus développé dans les races civilisées. 2° le *lobe pariétal*, qui préside aux mouvements. 3° le *lobe occipital*, plus petit, contribue à diriger la vie de nutrition, avec le concours du rachis et du grand sympathique. Certaines bosses du crâne révèlent la prédominance de certaines circonvolutions ; elles peuvent indiquer certaines prédispositions, certaines tendances. Gall a basé là-dessus sa théorie de la Phrénologie : elle expose à trop d'erreurs pour s'y arrêter. Mais si l'on ne peut pas localiser les tendances de l'âme, on localise de mieux en mieux dans l'encéphale les fonctions corporelles. Bien plus, Broca a montré que lorsque la 3° circonvolution frontale à gauche est comprimée ou blessée, on perd momentanément la mémoire des mots les plus usuels.

En descendant la série des Vertébrés, nous voyons des cerveaux de plus en plus petits et lisses, réduits à 2 lobes, ou un seul, sans circonvolutions ; l'intelligence diminue, l'instinct persiste. Détail curieux, le siège de la sensibilité est insensible : si l'on blesse directement le cerveau, l'animal ne souffre pas. Il faut donc que l'impression soit transmise par un nerf. Quand on enlève le cerveau d'un mammifère, l'animal meurt. Un oiseau peut continuer de vivre : ce n'est plus qu'un automate, un mécanisme ; on lui a enlevé le jugement, la volonté, l'initiative. Il se laisse mourir de faim à côté de ses aliments dont la vue ne lui rappelle rien. Si on les lui introduit dans la bouche, il les accepte, le mange et les **digère. Il** se tient immobile, mais si on le pousse, il marche, il vole. Il voit, mais ne regarde pas ; il entend sans écouter. Avec le cerveau, il a perdu l'intelligence.

IV. — Cᴇʀᴠᴇʟᴇᴛ. — Flourens a démontré que le cervelet réglant l'harmonie des mouvements, leur donne une coordination indispensable, car le moindre geste nécessite le concours harmonieux d'un grand nombre de muscles. Quand il blessait le cervelet d'un animal, le pauvre être exécutait des mouvements fous, désordonnés, les pattes l'entraînant dans un sens, les ailes en sens opposé, enfin il tournoyait et tombait. Placé sous le cerveau, et en arrière, le Cervelet en est séparé par un repli de la dure-mère dit tente du cervelet. Son poids est le dixième de celui du cerveau, 140 grammes. Sa forme est celle d'un cœur échancré, les 2 *ailes* se courbent en gouttière pour recevoir le bulbe rachidien et, pardessus lui, elles se raccordent au moyen d'un anneau blanc nommé *Pont de varole*. L'extérieur est de matière grise, à stries concentriques ; l'intérieur est de matière blanche, disposé en élégante frondaison comparée à une feuille de fougère, *arbre de vie*.

V. — BULBE RACHIDIEN, ou **Moelle prolongée**. — C'est le commencement du rachis, le trait-d'union entre la cervelle et la moëlle épinière. La matière blanche est à l'extérieur ; la grise est interne.

Ce qui augmente l'importance de ce trait d'union, c'est qu'il donne naissance aux 10 paires de nerfs de la tête qui viennent après les 2 nerfs olfactif et optique. Par la 9ᵉ paire le Bulbe gouverne la déglutition ou acte d'avaler, par la 11ᵉ l'émission de la voix, et

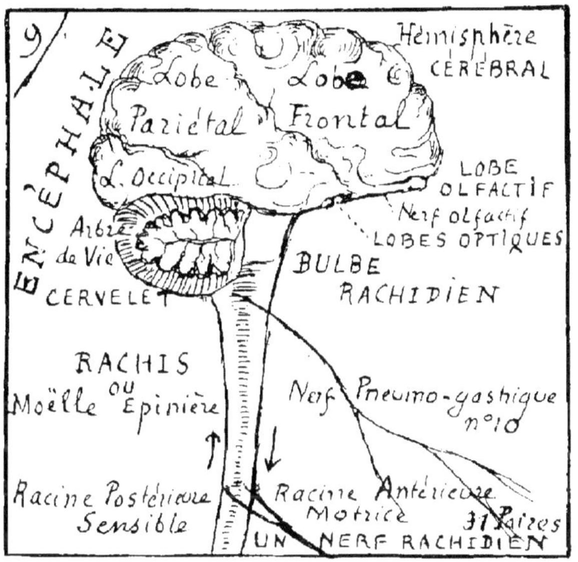

par la 10ᵉ la respiration. Ce 10ᵉ nerf, le **pneumo-gastrique**, se ramifie très bas aux poumons, au cœur et à l'estomac, dont il règle les principaux mouvements. On nomme *point vital* le lieu d'insertion de cette 10ᵉ paire sur le bulbe ; une piqûre à cet endroit foudroie l'animal qui tombe asphyxié. C'est la place que frappent l'épée du matador et les instruments qui abrègent l'agonie du bétail. Le bulbe est sillonné par le 4ᵉ ventricule qui fait suite à 3 cavités logées plus haut, dans le cerveau ; si l'on pique le plancher de ce ventricule on détermine, suivant la place, un excès de salivation ou des troubles dans la fonction des reins. Par sa richesse en matière grise interne, le Bulbe commande, sans le concours du cerveau, beaucoup de mouvements involontaires, instinctifs, préservateurs : la toux, l'éternûment, un rapide abaissement des paupières, la sécrétion des larmes, etc.

Les 2 premiers nerfs, qui sont indépendants du bulbe, et le 8e sont des nerfs de **sensation spéciale** ne servant qu'à la sensation indiquée par leur nom; **olfactif, optique, acoustique**; ainsi le 3e ne sert qu'à transmettre les sons; si l'oreille est endolorie ce n'est pas lui qui transmet la douleur aucerveau.

XIe LEÇON

SYSTÈME NERVEUX (*Suite*)

VI. — Rachis ou moelle épinière. — C'est le cordon nerveux logé dans la colonne vertébrale, dans le fourreau rachidien. Il relie la cervelle aux nerfs du corps, car il fait suite au bulbe, et il donne naissance aux 31 paires de *nerfs rachidiens*. Riche en matière grise interne, il commande seul de nombreux mouvements habituels, « appris », instinctifs : par exemple la marche et mille exercices que notre corps exécute machinalement. Le rachis s'étend du bulbe à la 2e vertèbre des reins ; là il se subdivise en filets nombreux : *queue de cheval*. Il se renfle 2 fois, à la hauteur des épaules et dans l'abdomen, là où les nerfs s'enchevêtrent en *plexus*, d'ailleurs sans que la moindre confusion en résulte, pour aller innerver les bras et les jambes. Deux sillons profonds divisent le Rachis en 2 moitiés, et chacune est partagée par 2 sillons latéraux en 3 cordons, ce qui fait un total de 6 cordons blancs, externes. Au centre la matière grise domine; elle envoie 4 **cornes grises** aux 4 sillons latéraux, et ces cornes servent à l'insertion des 2 racines de chaque nerf. Les *cornes antérieures*, servant à transmettre les ordres de mouvements, se continuent dans les racines motrices du nerf : les *cornes postérieures* servant à transmettre les impressions de sensibilité, se continuent dans les racines sensibles du nerf. En résumé, par son centre gris et son pourtour blanc, toute la région antérieure du rachis est motrice, et toute la région postérieure est sensible. Détail curieux : les 2 cordons blancs postérieurs transmettent spécialement les impressions du contact, du toucher : quand on coupe tout le reste, l'animal est paralysé, insensible, il ne ressent plus de douleur, mais il indique qu'il sent qu'on le touche.

En pénétrant dans le bulbe, les 6 cordons blancs se croisent, 2 à 2, avant d'arriver au cerveau : les 3 de droite pénètrent dans l'hémisphère gauche ; les 3 de gauche se distribuent dans l'hémisphère droit. Il en résulte que chaque moitié du cerveau gouverne l'autre moitié du corps. Si l'hémisphère **Dr**. est blessé, c'est la moitié gauche du corps qui est paralysée. Si le sang et la lymphe dépriment l'hémispère **G**, cette demi-apoplexie paralyse la moitié droite de l'organisme (sauf la tête).

VII. — NERFS RACHIDIENS. — Les 31 paires de ces nerfs destinés à porter dans tout le corps la sensibilité et le mouvement naissent très régulièrement sur le rachis par 2 racines, et sortent de la colonne vertébrale par des échancrures nommées *trous de conjugaison*. Uniquement formé de matière blanche, le Nerf est un simple conducteur qui se borne à transmettre. C'est une association de tubes nerveux, dans une gaine protectrice qui représente la pie-mère durcie : on la compare aux cables télégraphiques, association de fils conducteurs. Chaque nerf rachidien a 2 racines; reliées aux cornes grises de la moëlle épinière. Dire que la **racine antérieure** est **motrice** c'est dire qu'elle transmet aux muscles les ordres de mouvement émanés de l'encéphale ou du rachis : son rôle est centrifuge. Dire que la **racine pcstérieure** est **sensible**, c'est dire qu'elle transmet au rachis et au cerveau les impressions sensibles de contact, de douleur, de chaleur; son rôle est centripète. A Magendie revient l'honneur de cette découverte. Quand il coupait la racine antérieure d'un nerf il paralysait la région où ce nerf se distribuait, mais elle demeurait sensible : l'animal blessé ne pouvait plus remuer telle patte, mais il manifestait sa douleur lorsqu'on la piquait, Quand Magendie coupait la racine postérieure d'un nerf, il insensibilisait la région correspondante, mais elle n'était pas paralysée : l'animal blessé pouvait remuer telle patte, mais il ne manifestait aucune douleur lorsqu'on la piquait.

Ainsi les nerfs rachidiens sont **mixtes**, ils ont un double rôle : ils renferment des filets moteurs et des filets sensibles qu'ils distribuent le long de leur trajet. Les premiers se terminent dans les muscles par des *plaques* granuleuses, et les seconds se terminent en peletons nerveux logés dans des *papilles*. On aime à comparer la vibration nerveuse au fluide électrique, bien que la première ne parcoure qu'une trentaine de mètres à la seconde, et l'électricité des milliers de lieues. On combat les névralgies et les paralysies avec les secousses prudentes d'appareils électriques. Tous les êtres produisent un peu d'électricité : en superposant des troncs de grenouilles on forme une pile électrique. Quelques poissons ont un appareil spécial pour engourdir leurs victimes et combattre leurs ennemis : torpille, gymnote. — **Note** : Un nerf blessé en son milieu fait rapporter la douleur à son extrémité ainsi : le *nerf cubital* heurté au coude fait souffrir le petit doigt ; et l'amputé se plaint, quand le temps change, de sa jambe coupée.

VIII. — GRAND SYMPATHIQUE — Ce 2ᵉ système nerveux commande la vie de nutrition avec le concours du premier, auquel il se raccorde par de nombreux traits-d'union. Il gouverne avec calme, avec harmonie, les muscles lisses des viscères et les glandes. Il règne seul pendant le sommeil. Sa région fondamentale, le **nerf sympathique**, est une double chaine de 28 paires de ganglions, épanouie devant la colonne vertébrale. Les petites masses nerveuses émettent des nerfs qui, parfois, s'enchevêtrent sur les viscères en *plexus*, avec des ganglions spéciaux. Le principal, le *plexus solaire*, situé près du foie, est renforcé par le volumineux *ganglion semi-lunaire*. Chaque ganglion est une sorte de petit cervelet directeur qui gouverne, dans sa zone restreinte, les phénomènes de la vie végétative. Le grand sympathique régularise la chaleur vitale en réglant les circulations capillaires ; les filets nerveux *vaso-moteurs* accélèrent ou modèrent l'afflux du sang, en gouvernant le calibre des artérioles et des veinules : (Claude Bernard).

IX. — SÉRIE ANIMALE. — Les Vertébrés ont ces 2 systèmes nerveux semblables aux nôtres. Les 5 régions de l'encéphale tendent vers une sorte d'égalité qui est réalisée chez les poissons. Ainsi le cerveau diminue en perdant ses circonvolutions tandis que, par compensation, les lobes de l'odorat et de la vue augmentent et deviennent égaux aux hémisphères. Si l'intelligence diminue, au moins persiste, avec l'instinct, une certaine qualité des sens. Les lobes olfactifs deviennent de plus en plus saillants, renflés en massues creuses. Les lobes optiques, quadrijumeaux chez les mammifères, se réduisent à 2, et sont dits jumeaux à partir des oiseaux.

L'importance du système nerveux fait de sa disposition le caractère fondamental de la classification. Il reproduit la symétrie du corps, paire chez les annelés et les mollusques, rayonnée chez les échinodermes et quelques polypes. **Deux exemples.** Tandis que le système est *dorsal* chez les Vertébrés, il est *ventral* chez les Annelés. Les insectes ont, le long du ventre, une chaine double de ganglions, 2 par anneau : leur cerveau est représenté par les 2 ganglions de la tête, les seuls qui soient au dessus du tube digestif. Ils se rattachent par des arcs nerveux aux 2 premiers ganglions de la *Chaine ventrale*, et ce cadre nerveux qui entoure l'œsophage, et que l'on compare à un encéphale, constitue le

collier œsophagien. L'Étoile de Mer, type des échinodermes, possède 5 branches terminées par les yeux : le tube digestif n'a qu'une ouverture, en-dessous : cette bouche est entourée par un collier œsophagien formé de 5 ganglions, et chacun deux envoie des filets nerveux dans la branche qu'il gouverne plus spécialement.

XIIe LEÇON

LA PEAU ET LE TOUCHER

I. — ÉPIDERME. — La peau est la membrane protectrice et sensible qui revêt notre corps ; sensible par sa richesse en papilles nerveuses, protectrice par elle-même et par ses dépendances : les cheveux, les sourcils, les ongles. On doit dire aussi que la peau respire, tant elle renferme de capillaires dont le sang se purifie directement. Enfin, elle est criblée de glandes purificatrices qui augmentent sa souplesse ou qui produisent la sueur. On distingue dans la peau 2 régions principales : l'épiderme et le derme.

L'épiderme est un vernis insensible qui nous empêche d'absorber des miasmes ou des poisons et qui nous garantit contre un excès de sensibilité. Sa surface cornée, morte, se renouvelle avec rapidité : après certaines maladies, on fait vite « peau neuve ». Sa région profonde, vivante, se termine par une zone foncée,ondulée, **intermédiaire** entre l'épiderme et le derme.

II. — DERME. — C'est la peau proprement dite, le cuir des animaux, riche en fibres élastiques et remplie de petits organes utiles.

La première zone, ondulée, foncée, est nommée **pigmentaire** parce que ses grosses cellules renferment une granulation foncée : le Pigment, qui colore les dépendances de la peau et, dans certaines races humaines, la peau elle-même. La région inférieure de cette zone ondulée est dite **papillaire**, parce qu'elle doit ses ondulations à la présence des papilles sous-jacentes, les unes nerveuses, les autres sanguines. Les **papilles nerveuses** sont des cavités qui logent les pelotonnements terminaux des nerfs sensibles. Les **papilles sanguines** logent des boucles que forment les capillaires. La richesse de la peau en réseaux capillaires et lymphatiques est extraordinaire. Une piqûre d'aiguille déchire une vingtaine de ces tubes. Ainsi s'explique l'action rapide des remèdes ou des poisons injectés sous l'épiderme. La peau respire : le sang des capillaires absorbe l'oxygène et rejette un peu de gaz carbonique avec énormément de vapeur d'eau. Cette *perspiration*, nous devons la favoriser par la propreté et en bannissant les vêtements imperméables. Un gilet de caoutchouc nous tiendrait bien chaud, mais nous rendrait promptement malades. Certains peuples du Nord enduisent leur peau avec des corps gras : ils sont sujets à de graves inflammations.

Les dépendances protectrices de la peau, **cheveux**, poils, plumes, etc., de nature épidermique, sont formées et entretenues par des bulbes, logés au fond des dépressions du derme. Vivantes dans la peau, elles sont cornées et mortes à quelque distance. Leur base est incolore jusqu'à la couche pigmentaire : c'est la plus ou moins grande abondance de pigment qui fait qu'un cheveu est blond, châtain ou noir. Dans ces rentrées du derme et sur la peau débouchent de petites **glandes grasses** dont la sécrétion, pommade naturelle, rend les cheveux luisants et la peau onctueuse ; ces glandes sont abondantes chez les nègres. Un petit muscle lisse fait dresser le cheveu. Les *Ongles* naissent dans l'épiderme ; leur stucture fibreuse démontre que l'ongle est une agglomération de poils. Plumes, cornes, écailles sont de nature épidermique. La matière est une sorte d'albumine avec du soufre : de là, l'odeur sulfurée que répandent ces subtances quand on les brûle. Avec l'âge le pigment diminue, disparait : cheveux et barbe blanchissent. Pour les rajeunir, on les imprègne d'un sel d'argent, parce que ce métal s'unit au soufre pour former un sulfure noir.

Le derme renferme, en outre, une multitude de **glandes sudoripares** qui sécrètent la sueur. Ce sont de petits tubes d'abord pelotonnés, qui se déroulent en spirale jusqu'à l'épiderme afin de déverser la sueur par leurs *pores* ou *méats*. Ils sont plus nombreux au front, aux mains. C'est l'évaporation de la sueur qui nous rafraichit le mieux en été ; elle a permis de braver une chaleur sèche de 138°. Cette sécrétion purifie notre corps, car la sueur renferme, avec beaucoup d'eau, 0,005 d'impuretés, et surtout de l'urée, des sels, des acides spéciaux, une huile odorante. De même que la bile, elle est à la fois impure et utile.

III. — Autres régions. — Au-dessous du derme, le **tissu graisseux** consiste en grosses cellules qui se remplissent de provisions de graisse, surtout à certaines places (ventre) et chez certains tempéraments. Dans quelques petites races humaines, ces formations sont fort singulières. Les animaux à sang chaud qui ont peu de fourrure et qui vivent dans l'eau, sont protégés contre le froid par une épaisse couche de lard : porc, hippopotame, pingouin. Ne pas confondre ce lard avec la graisse qui tapisse les intestins : saindoux ; toilette des bouchers.

La peau se termine par le **muscle peaucier** qui peut la froncer, la rider plus ou moins. Il n'est guère développé que sur notre front, afin que le froncement des sourcils nous préserve d'un excès de lumière et des gouttes de sueur. Partout ailleurs le muscle ne produit qu'un léger frisson. Une émotion détermine la « *chair de poule* » et l'horripilation : les cheveux se hérissent. Le peaucier est développé au dos du chat et au ventre du cheval ; il dresse les dards du porc-épic ; il entoure tout le corps du hérisson et du tatou qui se roulent en boule.

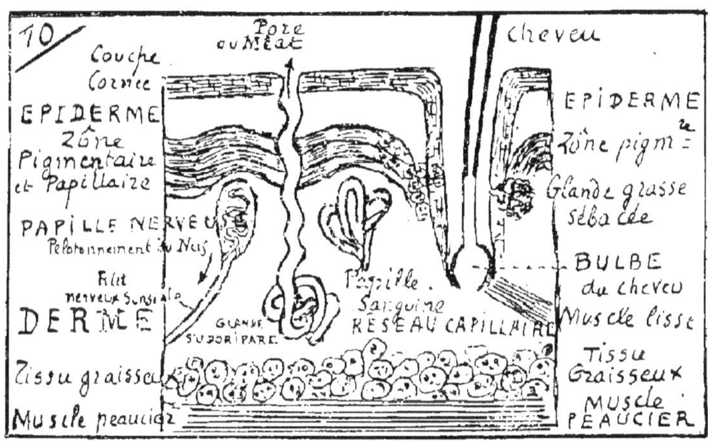

I. — SENS DU TOUCHER

I. — Le Toucher est actif, volontaire, tandis que le Tact est passif, involontaire : celui-ci s'exerce avec le corps entier, tandis que le toucher a pour organes certaines régions à la fois très sensibles et très mobiles : la main, les lèvres, la langue, le pied. L'extrémité des doigts convient tout spécialement, criblée de papilles nerveuses, au milieu de pelotes de graisse qui se moulent délicatement sur les objets. Le toucher nous renseigne sur *la forme, la consistance, le poids, la température* des corps. Avec de l'habitude, il arrive à un degré merveilleux d'habileté : prestidigitateurs, tailleurs de diamants ; ils donnent les nombreuses facettes réglementaires à des diamants si petits qu'il en faut mille pour que l'ensemble ait la grosseur d'une tête d'épingle. On peut dire que l'aveugle « voit » avec ses doigts. Les garçons de banque évaluent très exactement le *poids* d'une poignée de pièces de monnaie. Notre corps est le plus sensible des thermomètres ; il apprécie les moindres changements de *température*, mais dans des limites restreintes, de 5° à 50°, car nous sommes bientôt incommodés par le froid ou par la chaleur. Sous ce rapport, la bouche est moins impressionable que la main : nous buvons un liquide chaud qui brûlerait les doigts. — Certaines peuplades se servent adroitement de leurs pieds, pour ramer, pour grimper. Bien que le gros orteil ne soit pas un pouce opposable, il peut s'écarter beaucoup et, avec de l'habitude, il rend d'assez grands services. C'est aussi le cas de certains manchots, nés sans bras : on cite le peintre Ducornet.

II. — ANIMAUX. — Les mieux doués sous le rapport du toucher sont les *préhenseurs* qui prennent la nourriture et la portent à leur bouche : écureuil, perroquet. Les *onguiculés* ont des ongles plats, ou des griffes tranchantes, qui ne recouvrent que le dessus des phalangettes ; le dessous du doigt est donc libre, de sorte que l'animal peut toucher et saisir assez bien. Chez les *ongulés* la phalangette est enveloppée complètement par un étui corné : le sabot, de sorte que le toucher est fort médiocre. Alors l'animal se sert de ses lèvres cheval, girafe) ou d'une trompe (tapir, éléphant). Le bec des oiseaux est assez sensible. Les reptiles touchent avec leur langue ; celle des serpents est inoffensive. Parfois la langue est gluante, longue, agile, pour saisir les petites proies : fourmilier, caméléon. Certains organes du toucher ne servent pas à saisir : les moustaches du chat et du phoque, les antennes des insectes et des écrevisses. Chez beaucoup de mollusques et de rayonnés, des *tentacules* mous, avec ou sans ventouses, servent à la fois d'antennes, de palpes, de bras, de pieds et de nageoires : poulpe, méduse.

XIIIe LEÇON

II SENS DU GOUT ET III SENS DE L'ODORAT

I. — INTRODUCTION. — Le goût et l'odorat sont deux sens solidaires, qui s'aident, se complètent ; leurs impressions se confondent presque, au palais, pour les mets parfumés : bouquet des vins, arome du café. Les deux fonctions sont dénaturées et entravées par cette inflammation de la muqueuse du nez que l'on nomme rhume de cerveau ou coryza. Elles exigent toutes deux une *dissolution préalable* de parcelles sapides ou odorantes. Les animaux flairent avant de goûter, afin de se rendre compte de la nature de l'aliment et d'éviter les poisons : ils ont, d'ailleurs, au dessus du palais, un organe spécial *de Jacobson*, qui sert d'intermédiaire entre les deux sens ; si le flair est plus développé chez les êtres sauvages, le goût est un sens délicat plus spécial aux civilisés : c'est le seul sens qui ne s'émousse pas avec les années ; au contraire, il s'affine.

II. — GOÛT. — Il nous fait connaître la saveur des corps, la qualité des aliments. C'est un auxiliaire de la digestion : il réveille l'appétit, et il nous apprend que celui-ci est satisfait. Quand on a mangé suffisamment, les mets les plus succulents ne nous tentent plus. Le goût évite des empoisonnements, mais pas toujours : la saveur des champignons ne nous apprend pas qu'ils vont nous empoisonner. On dit que l'Indien et l'animal ne s'empoisonnent jamais. Pour qu'un corps ait de la saveur, il faut qu'il se dissolve, au moins un peu, dans la salive. Il suffit que la viande renferme quelques principes solubles, surtout l'osmazone et les sels, pour qu'elle ait une saveur très accusée. Un corps insoluble, le verre, le caillou, n'a pas de goût. C'est surtout la salive des deux glandes sous-maxillaires qui sert à cette dissolution : elle jaillit quand un mets excite notre convoitise, comme un beau fruit en été : l'eau vient à la bouche.

On goûte avec la langue et le palais. La LANGUE, que soutient l'os hyoïde, est un ensemble de muscles qui obéit au 12ᵉ nerf cranien, l'*Hypoglosse* (sous la langue), afin de faciliter la mastication, la déglutition et l'articulation de la parole. Pour apprécier les saveurs, la langue reçoit trois autres nerfs qui ne sont pas de sensation spéciale, car ils ont d'autres fonctions : 1° le LINGUAL est une branche de la 5ᵉ paire ; il se ramifie surtout à la pointe et sur les bords. 2° le *Glosso-Pharyngien*, 9ᵉ paire, se distribue à la base, 3° *la corde de tympan*. Ces nerfs se subdivisent en une multitude de filets que terminent 3 sortes de PAPILLES. Les plus petites, en champignon ; de très grosses en calice, disposées en V : et de tous côtés, des papilles coniques donnant à la langue son aspect velouté, prolongeant la sensation en retenant les particules sapides : elles se durcissent en râpe chez les félins pour faire saigner les chairs de la proie.

III — ODORAT. — Ce sens nous fait connaître les odeurs. Il nous renseigne sur la pureté de l'atmosphère et la qualité des aliments ; il évite donc les asphyxies par les gaz odorants (gaz d'éclairage) ainsi que certains empoisonnements. Il procure des plaisirs délicats. Pour qu'une substance exhale de l'odeur il faut qu'elle dégage des parcelles capables de se dissoudre dans l'humidité du nez. On emploie le mot effluves pour l'odeur que dégagent les êtres vivants. Le verre. le caillou, ne dégageant rien, n'ont pas d'odeur. Assurément les parcelles que dégageant les corps volatils sont très minimes : un morceau de musc pesé à 20 ans d'intervalle n'avait perdu que quelques millionièmes de son poids. Un fin limier suivra les effluves odorantes du cerf, alors qu'elles datent de la veille, et que la proie espère lui donner le change en croisant d'autres cerfs.

Le nez est formé par les 2 *Nasaux* et plusieurs os voisins : il est partagé par le *vomer* en 2 moitiés, et chacune est subdivisée par des *Cornets* osso-fibreux en 3 étages qui communiquent. Il est tapissé par une muqueuse, la *pituitaire*, munie, près des narines, de cils vibratiles qui repoussent les poussières : son humidité*, ou mucus.est la *pituite*. à laquelle viennent s'adjoindre les larmes qui coulent. de l'œil au nez, par le canal nasal. Les arrière-narines communiquent avec des cavernosités, ou sinus. creusées dans les os de la mâchoire et du front ; chez les animaux dont le flair est excellent, ces sinus sont très larges. les cornets sont contournés en labyrinthe, et le museau est imprégné à l'extérieur d'une humidité caractéristique. — Le **nerf olfactif**, première paire, de sensation spéciale, ne sert qu'à sentir : il se divise d'abord en une vingtaine de branches qui traversent la *lame criblée* de l'ethmoïde.puis en une multitude de fins rameaux (que terminent des papilles spéciales) dans la moitié supérieure du nez. Les 2 Lobes olfactifs, première région de l'encéphale, apprécient les odeurs : ils deviennent énormes chez les reptiles et les poissons. — La trompe de l'éléphant est le prolongement du nez. On nomme Évents les narines de la baleine. L'odorat est développé chez les abeilles.les fourmis; on croit qu'il a pour organe la base des antennes.

IV. — SENS DE L'OUIE

I. — INTRODUCTION. — L'ouïe nous fait connaître les *sons*. C'est le sens qui nous met en relation avec nos semblables et qui nous procure de grandes joies artistiques. Les sons ébranlent notre oreille,et le nerf acoustique transmet les vibrations au cerveau qui analyse, qui interprète la sensation. Quand un corps sonore retentit,il vibre : cette trépidation est facile à constater sur une corde de violon, une lame métallique, une cloche qui repoussent les corps légers placés auprès d'eux. L'ébranlement produit par une explosion brise les vitres.

Les *vibrations sonores* sont transmises à nos oreilles par les corps environnants. l'air, le sol. les murs, les parois de l'appartement. La vitesse du son dans l'air est de 340 mètres par seconde. Les liquides transmettent mieux et plus vite que l'air : les solides valent encore mieux : on entend à merveille au bord d'un lac : et si l'on place l'oreille contre le sol, on perçoit des bruits lointains. Or, nous trouverons dans l'oreille ces trois sortes de milieux : air humide. liquide, petits cristaux et autres solides. Bref, il faut un intermédiaire entre le corps qui retentit et notre oreille : s'il n'y en a aucun, les vibrations ne sont pas transmises : on n'entend pas dans le vide. On place une clochette dans un ballon de verre à robinet, et l'on aspire l'air du ballon avec la machine pneumatique qui raréfie les gaz et fait presque le vide. C'est en vain que l'on secoue le ballon ; on n'entend plus la sonnette. Alors on tourne le robinet : l'air rentre peu à peu en sifflant, et l'on entend de mieux en mieux le bruit de la clochette si l'on continue d'agiter le ballon.

II. — **O**REILLE EXTERNE. — L'organe de l'ouïe est abrité dans le *rocher*, région la plus dure de l'os temporal. On y distingue trois parties: **L'oreille externe** commence par une expansion cartilagineuse, le *pavillon*, et un entonnoir compliqué, la *conque*, qui servent tous deux à concentrer les ondes sonores. Celles-ci pénètrent dans le **canal auditif** et vont ébranler le **tympan,** membrane tendue obliquement. En cas de demi-surdité, on concentre un plus grand nombre de vibrations avec le cornet acoustique. Profitant de la sonorité des solides. on place des lames. des plaques, des verres, sur le crâne et entre les dents * des sourds. Des animaux craintifs ont une large conque mobile : lièvre. âne.

III. — **O**REILLE MOYENNE. — On la surnomme **tambour** et **caisse du tympan** Car c'est une sorte de tambour, tendu à l'intérieur par une chaîne de petits os. Quelles sont les membranes ? En avant, le tympan ; en arrière, sur un promontoir osseux, 2 membranes tapissent 2 dépressions, la *fenêtre ovale* et la *fenêtre ronde*. Les vibrations du tympan doivent être transmises aux 2 fenêtres qui, à leur tour, les communiqueront au liquide dont sont remplies les profondeurs de l'oreille. Cette transmission s'effectue par **deux intermédiaires : 1° L'air humide.**

amené du fond de la gorge, par un long tuyau évasé, la *trompe d'Eustache*. C'est l'air seul qui agit sur la fenêtre ronde. Son humidité est indispensable. Certaines personnes, redoublant d'attention, ouvrent la bouche à demi, afin que des ondes sonores passent par la trompe d'Eustache *. La pression de cet air sur le tympan contrebalance la pression extérieure, ce qui empêche cette membrane d'être déchirée, à moins que le bruit soit trop brusque et trop violent (artilleurs de marine). **2° Une chaîne de 4 osselets** s'étend du tympan à la fenêtre Ovale : elle comprend le *marteau*, l'*enclume*, le *lenticulaire* et l'*étrier* : le premier obéit à 3 muscles, l'étrier à un seul. Pour écouter des sons faibles, nous relâchons la chaîne et, pour éviter des éclats discordants, nous la tendons de manière que l'étrier enfonce davantage dans la fenêtre Ovale. Pour renforcer les sons, de larges sinus résonnateurs communiquent avec l'oreille moyenne.

IV. — Oreille interne. — On la surnomme **labyrinthe** : elle est remplie d'**un liquide** dans lequel nagent les ramifications du nerf acoustique. La région osseuse en protège une autre, membraneuse, qui se moule sur elle à distance : le liquide renferme de petits cristaux et des cellules ciliées. On distingue trois étages dans ce labyrinthe compliqué ; au milieu, le **vestibule**, à la hauteur de la fenêtre ovale. Au-dessus, les **3 canaux en demi-cercle**, l'un horizontal, deux verticaux, avec 5 bases renflées en ampoules. Sous le vestibule, le **limaçon** fait deux tours et demi ; il est divisé par une lame spiralée en deux Rampes, dont l'une aboutit au vestibule, et l'autre à la fenêtre ronde. Il en résulte qu'un brusque ébranlement de la fenêtre ovale est communiqué de dedans en dehors à la fenêtre ronde par le liquide du limaçon, déterminant une compensation nécessaire. La lame spiralée ressemble à un vaste clavier d'orgue avec ses fibres et ses arcs décroissants (*Appareil de Corti*), clavier de 3,000 touches dont chacune vibrerait à l'unisson d'une note déterminée. Le limaçon paraît donc destiné à apprécier ce qui est d'essence musicale, surtout le timbre : les canaux semi-circulaires indiquent d'où viennent les sons.

C'est le nerf **acoustique**, ou **auditif**, 8ᵐᵉ paire, de sensation spéciale, qui transmet au cerveau les vibrations sonores, et il n'a pas d'autre fonction. Il pénètre dans le limaçon, se partage en deux branches, et l'une d'elles se ramifie dans le vestibule et les canaux. Les filets nerveux qui nagent dans le liquide se renflent en corpuscules ou papilles, lesquels se mettent en relation avec les cristaux, les cellules ciliées et la lame spiralée, substances solides qui renforcent la vibration du liquide.

Notes. — La taupe, le phoque n'ont pas de conque. De même pour les oiseaux : leur tympan affleure ; ils n'ont que l'étrier. Chez les serpents, la caisse du tympan fait défaut, et le limaçon est rudimentaire. Les poissons n'ont que les canaux en demi-cercle et le Vestibule renfermant un seul gros cristal, la « pierre auditive ». Quelques crustacés, le palémon, le mysis, ont, à l'extérieur, des « poils auditifs ». Beaucoup d'Invertébrés ont, pour oreilles, des petits sacs garnis de cils vibrants, avec un liquide qui contient quelques pierres auditives, petits cristaux en bâtonnets.

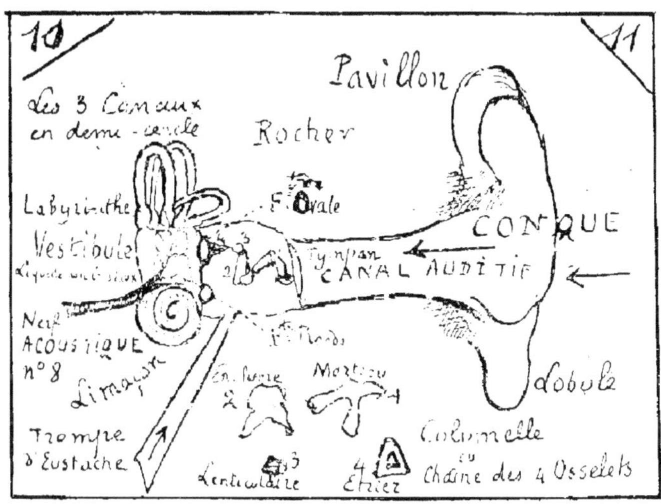

XIVe LEÇON

V. — SENS DE LA VUE

I. — Introduction — C'est le plus précieux des sens, celui qui nous permet de voir nos amis, de contempler la nature, d'admirer les chefs-d'œuvre de l'art. La vue nous renseigne sur la forme, la position, la distance, la couleur des objets. Son organe est l'œil, abrité dans l'orbite, protégé par les paupières, les cils, les sourcils, humecté par les larmes. C'est un bulbe sphérique de 25^{mm}, plein d'humeurs transparentes, et noirci à l'intérieur par le pigment. On le compare à la chambre noire du photographe, où les images des corps viennent se peindre *réelles*, *renversées*, *plus petites* que l'objet. L'écran sensible, qui rappelle la plaque impressionnable (argentée) est l'épanouissement du nerf optique, la RÉTINE : la lentille qui concentre la lumière, est le CRISTALLIN et même l'œil entier. L'écran modérateur ou diaphragme, c'est l'IRIS COLORÉ, percé d'une ouverture variable, la PUPILLE.

Plusieurs os contribuent, avec le frontal, à former l'orbite : le lacrymal, le sphénoïde, etc. Les cils et les sourcils protègent l'œil contre les poussières, la sueur, une lumière trop vive comme les rayons du soleil de midi. Les africains bleuissent leurs paupières. Les *glandes lacrymales* sont placées au-dessus des yeux, un peu en dehors, elles sécrètent les *larmes* très salées qui humectent l'œil pour empêcher l'évaporation de ses humeurs. Le liquide est déversé par plusieurs canaux : il roule sur l'œil, glisse vers la caroncule, petit amas rosé placé dans l'angle interne, traverse les deux pores lacrymaux, les 2 conduits, le sac lacrymal, le *canal nasal*, et va s'ajouter à la pituite pour entretenir l'humidité du nez *. Une émotion vive active la sécrétion des larmes : ce sont les *pleurs* de douleur ou de joie. — Six muscles moteurs font rouler l'œil sur des coussinets graisseux : ils sont antagonistes 2 à 2 : ainsi le Grand Oblique, qui abaisse l'œil en dehors, a pour opposé le petit Oblique qui élève l'œil en dedans. Ces muscles obéissent à 3 nerfs : ainsi *le grand oblique obéit au nerf pathétique, 4ᵉ paire*. Leur rôle constant est d'associer les deux yeux pour qu'ils regardent ensemble, VISION BINOCULAIRE qui nous donne idée du relief des corps et de leur distance.

II. — LES 6 MEMBRANES. — L'œil est formé, à l'extérieur, par une membrane blanche, dure, élastique, la **cornée opaque** ou **sclérotique** (1) que l'on surnomme le « blanc de l'œil ». Elle est percée, en avant, d'une ouverture où s'enchasse, bombée comme un verre de montre, la **cornée transparente** (2) que traverse la lumière. Le devant de l'œil est tapissé par un tissu très fin qui se replie à l'intérieur des paupières, la *Conjonctive* (3). Tout l'intérieur de l'œil est nourri, entretenu, par la **choroïde** (4) de couleur rouge, riche en vaisseaux sanguins. Pour éviter les reverbérations lumineuses, les réflexions multiples que produirait cette nuance rouge, et qui rendraient la vue confuse, la Choroïde est tapissée d'une épaisse couche de pigment noir. 5° **L'iris coloré** est un muscle lisse, formé de 2 sortes de fibres, qui se dresse verticalement : c'est un diaphragme modérateur, un écran percé d'un trou variable, la **pupille** ou **prunelle**. Cette ouverture nous semble noire parce qu'elle nous permet de voir le pigment du fond de l'œil. Son rôle est de livrer passage aux rayons lumineux émanés des objets que nous contemplons. Pour qu'elle s'agrandisse dans l'obscurité, l'iris possède des fibres lisses rayonnantes, et pour qu'elle se rétrécisse en pleine lumière, ce muscle contracte ses fibres circulaires: changements très faciles à observer sur l'œil du chat. 6° La **rétine**, ou écran sensible, est l'épanouissement du nerf optique, une mosaïque de 2 sortes de papilles, les *bâtonnets* et les *cônes*. Sa surface est de 15 c. q, mais, pour voir nettement un objet, il faut que son image se peigne sur une *tache jaune*, de 1 m. m. q., logée dans une dépression, un peu au-dessous du point où débouche le nerf optique. Donc, par une belle nuit étoilée, une partie des mondes vient se peindre sur un millimètre carré de notre œil. Le point où débouche le nerf optique est insensible, aveugle : *punctum cœcum*. Mariotte l'a démontré par sa petite expérience des 2 cercles blancs sur fond noir.

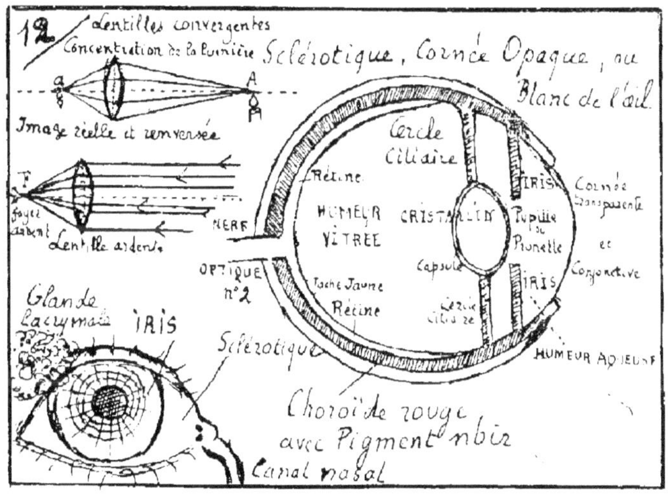

III. — LES 3 LIQUIDES. — L'œil est rempli de 3 humeurs, plus ou moins albumineuses, aussi transparentes que l'eau pure, destinées à concentrer sur la rétine les rayons lumineux émanés des corps que nous observons. 1° **Le cristallin** est une lentille convexe, un peu plus bombée à l'avant dont la courbure varie, pour adapter l'œil aux distances, afin de voir aussi bien de près que de loin. Le cristallin est soutenu, derrière l'iris, par le *cercle cilié*, anneau qui obéit au *muscle cilié*. Cette lentille est formée par des milliers de couches concentriques, de plus en plus denses vers le centre, et l'ensemble est contenu dans une *Capsule* qui contribue à l'entretenir en bon état. Admirable complication, qui permet de voir nettement, sans auréoles irisées, et d'accommoder la vue aux distances. 2° Devant le cristallin, **l'humeur aqueuse** s'étend jusqu'à la cornée transparente et, derrière lui, **l'humeur vitrée** (3) gélatineuse, occupe le fond de l'œil, les ⅘ environ, formée et entretenue par sa capsule enveloppante, dite *hyaloïde* (n° 7).

Grâce à ces trois liquides, l'œil se comporte comme une lentille: d'ailleurs il en contient une. Il rassemble, il réunit les rayons divergents, émis par les objets, et qui ont traversé la pupille, et il les concentre sur la rétine, de manière à former leurs images **réelles**, petites, renversées. On le constate en éclairant, dans une chambre obscure, l'œil d'un gros animal. La vibration lumineuse est transformée par la rétine, en vibration nerveuse ; celle-ci est transmise aux profondeurs du cerveau, chargé de les interpréter, par les 2 nerfs Optiques (1re paire, de sensation spéciale) et les 4 Lobes quadrijumeaux. — Dans la chambre obscure on obtiendrait sur le mur, avec une lentille de verre, l'image renversée de la bougie. La lentille concentre les rayons du soleil en un *foyer* ardent.

Exercice. — Dessiner, en grand, l'oreille et l'œil, dans une disposition inverse de celle des *Figures 11 et 12*.

V. ERREURS, INFIRMITÉS. — La vue nous induit quelquefois en erreur, parce qu'elle nous rend de continuels services : à nous de rectifier par les autres sens et par le jugement. Ainsi comme l'impression lumineuse persiste sur la rétine pendant $\frac{1}{10}$ de seconde, nous croyons voir un cercle de feu lorsqu'on fait tourner un charbon allumé. Avec le disque de Newton on constate que la superposition des 7 couleurs fondamentales reforme le blanc. On place dans un cylindre tournant une douzaine de dessins, représentant 12 des attitudes successives d'un mouvement complet : enfant qui saute à la corde ; cavalier qui franchit une haie, et l'œil croit voir s'accomplir le mouvement : Phénakisticope de Foucault. Des raies horizontales tracées sur un mur ou sur un vêtement le font paraître plus grand, et des raies verticales l'élargissent. Emportés dans un wagon, fixez une habitation : tout ce qui vous en sépare semblera rétrograder, et tout ce qui est au delà semblera vous suivre. Les objets clairs, se détachant sur un fond sombre, paraissent plus grands: un cercle blanc sur fond noir paraît plus gros qu'un égal cercle noir sur fond blanc. Les fatigues de la rétine déterminent des miroitements, des lueurs, des éblouissements. Un choc produit le même effet : un coup sur l'œil fait voir « mille lumières ». Car l'ébranlement du nerf optique, quelle qu'en soit la cause, se traduit toujours par une impression lumineuse : tout comme un coup sur l'oreille produit des bourdonnements. L'électricité permet de raffermir la vigueur d'une vue qui s'affaiblissait.

L'œil du **myope** est trop bombé, trop riche en humeur aqueuse. Les images tendent à se former en avant de la rétine. C'est pourquoi le myope ne voit bien que de près ; il approche le livre de ses yeux ; il agrandit sa pupille par de fréquents clignements. Il emploie le lorgnon concave. — Le vieillard, au contraire, n'a plus assez d'humeur aqueuse : l'œil n'est plus assez bombé. Les images tendent à se faire au-delà de la rétine. Le vieillard voit mieux de loin : il éloigne le journal de ses yeux. Il emploie des lunettes convexes. — On nomme **presbytisme** le refus de l'œil, et surtout du cristallin, à s'adapter aux distances : cette infirmité accompagne souvent la précédente.

L'**albinos** n'a pas de pigment, ni dans l'œil, ni dans la peau. On le reconnaît à sa chevelure blanche et à sa prunelle rouge. Les réverbérations de la lumière à l'intérieur de l'œil, l'empêchent de bien voir en plein jour : il voit mieux au crépuscule. Quelques animaux blancs sont albinos : souris, lapin. — Le **daltonien** ne distingue que certaines couleurs parmi les 7 fondamentales : c'est ainsi que l'illustre Dalton confondait le rouge avec le vert. Auprès d'un cerisier, il ne différenciait les fruits d'avec les feuilles que par la forme. Pour éviter de graves accidents, on fait subir un examen aux mécaniciens des chemins de fer et de la marine ; on s'assure qu'ils ne se tromperont pas sur la couleur des disques, des signaux.

Parmi les cas de cécité : 1° **La goutte sereine,** est la paralysie de la rétine ou du nerf optique. 2° **La taie,** consiste en taches opaques sur la cornée transparente. 3° **La cataracte,** provient de l'opacité du cristallin ; elle donne lieu à une opération magnifique qui réussit souvent. On agrandit la pupille avec la belladone, et l'on détruit (avec une aiguille), la région opaque, en respectant le plus possible la capsule du cristallin ; elle reforme, parfois, les zones de la lentille, tout comme le périoste régénère l'os. Un jeune anglais, aveugle de naissance, que Cheselden opéra de la cataracte, intéressa beaucoup les savants de l'époque : il vit de suite les objets droits, mais ils lui parurent, pendant longtemps, très gros et très rapprochés. — **Expliquer :** Oculaire, opticien, oculiste, ophthalmie, conjonctivite, etc.

VI. — ANIMAUX. — La vue est le sens aussi répandu que le toucher : tous les animaux possèdent, au moins, la notion de lumière et d'obscurité, même ceux qui, pour fuir leurs ennemis, se sont accoutumés aux ténèbres des cavernes ou du fond des mers ; peu à peu leurs yeux ont été recouverts par la peau, et quelques-uns ont perdu complétement cet organe. Chez les oiseaux, la vue est le sens dominant : un faucon qui plane à 1,000 mètres, aperçoit, dans un sillon, la petite proie sur laquelle il se laisse tomber comme la foudre. L'œil est nettoyé par le frottement fréquent d'une troisième paupière, la *clignotante* et, comme il est très écarté de l'autre, sa vision est facilitée par une dépendance de la choroïde, le *peigne*. L'insecte a de petits yeux ordinaires, les *ocelles*, et deux gros yeux *composés*, formés chacun par la juxta-position de milliers d'yeux élémentaires, de sorte que les facettes de la surface forment une mosaïque. Chez les êtres inférieurs, les yeux consistent en points pigmentaires, verts chez l'huître, rouges chez l'étoile de mer, en relation avec les filets nerveux qui repré-sentent les nerfs optiques.

Nous terminons, ici, la première partie du cours, intitulée : **Étude de la vie, physiologie de l'Homme et des animaux**. Nous passons à la deuxième partie : **Étude de la classification** : les races humaines et les principaux groupes zoologiques.

XVe LEÇON

LA CLASSIFICATION NATURELLE

C'est notre illustre **Cuvier** qui a précisé les règles de cette classification : on la nomme Naturelle parce qu'elle rapproche les êtres qui se ressemblent, et qu'elle éloigne les uns des autres ceux qui diffèrent.

Il l'a basée sur le plus grand nombre possible de caractères, en commençant par ceux qui sont de premier ordre : « Présence ou non d'un Squelette ; dispositions du Système nerveux ; modes de Respiration et de Circulation du sang ; genre de vie révélé par la forme des membres et la dentition, etc. Ces caractères dominants sont invariables ; ils entraînent à leur suite, comme conséquence, des dispositions secondaires qui peuvent varier à l'infini. En établissant les règles de cet enchaînement, de cette *subordination* des caractères, **Cuvier** avait fondé la géologie et il a fait, pour la

Classification Zoologique, ce que les De Jussieu avaient fait pour la Classification Botanique.

On part de **l'espèce**. L'espèce est un ensemble d'êtres qui se ressemblent beaucoup et qui transmettent à leurs enfants les caractères constants qu'ils avaient reçus de leurs parents. C'est une succession d'individus qui se transmettent, par hérédité, des caractères invariables : le cheval, l'abeille. On groupe les espèces voisines en *Genres* : ainsi on réunit les espèces lion, tigre, jaguar, chat, en un genre, le *Genre Chat*. On groupe les espèces chien, loup, renard, chacal, en un genre, le *Genre Chien*. La nomenclature est **binaire** : chaque être reçoit 2 noms, le nom du genre et celui de l'espèce. Les animaux d'un même genre sont comme des cousins qui portent le même nom de famille, et que l'on désigne par le prénom. On fait de même pour les plantes.

PRINCIPALES ESPÈCES DU *Genre Chat*.	PRINCIPALES ESPÈCES DU *Genre Chien*.
Lion : *Felis* leo.	Loup : *Canis* lupus.
Tigre : *Felis* tigris.	Loup «des prairies» : *Canis* latrans.
Panthère : *Felis* pardus.	Renard : *Canis* vulpes.
Jaguar : *Felis* once.	Isatis bleu : *Canis* lagopus.
Couguar : *Felis* concolor.	Chacal : *Canis* aureus.
Chat : *Felis* domesticus.	Chien : *Canis* domesticus.

Les genres importants constituent des Familles, ainsi le genre chat forme la famille des *félins* ; le genre chien, la famille des *canidés*. On groupe les genres et familles en **tribus**. Les familles des félins et des canidés font partie de la **tribu des digitigrades**, carnassiers qui marchent légèrement sur le bout des doigts. De même la réunion des genres *bœuf, mouton, chèvre, antilope*, forme la **tribu des bovidés**. C'est le groupement de tribus voisines qui détermine un **Ordre**. On réunit la tribu des digitigrades à celle des plantigrades, carnassiers qui marchent lourdement sur la plante des pieds (ours, blaireau) pour former l'**Ordre des Carnivores**. Ensuite on groupe les ordres en Classes, et en Embranchements ou **types** qui présentent une parfaite **unité de plan**, c'est-à-dire la constance des caractères dominants, avec toutes les modifications possibles des caractères secondaires. En résumé on divise les embranchements en classes, celles-ci en ordres, les ordres en tribus, les tribus en familles ou genres, et les genres en espèces.

LES 5 EMBRANCHEMENTS

Iº Vertébrés. — Les seuls qui possèdent une colonne vertébrale, base d'un véritable squelette et fourreau protecteur de la moelle épinière. Leur système nerveux, comparable au nôtre, est dit cérébro-spinal : une cervelle et une moelle épinière logée dans le dos ; à l'intérieur de la colonne vertébrale. En général 4 membres : et un sang coloré par les globules rouges. Ex : lapin, moineau, lézard, grenouille, carpe. — Les autres êtres sont dits Invertébrés.

IIº Annelés. — Leur corps est subdivisé en anneaux qui diffèrent notablement chez les supérieurs munis de pattes articulées (**articulés** : abeille, écrevisse). Les anneaux se ressemblent beaucoup et possèdent une sorte d'indépendance vitale chez les inférieurs, privés de pattes (**vers** : sangsue, ténia). Le système nerveux est ventral : il s'étend sous le tube digestif : c'est une chaîne simple ou double de petites masses nerveuses nommées *ganglions*. Les quatre premiers ganglions forment, avec les arcs qui les raccordent, un collier œsophagien autour du pharynx : ils tiennent lieu de cervelle.

III. Mollusques. — Animaux mous dont la majorité rampe sur un pied charnu. Leur corps est entouré par un repli de la peau, le manteau, qui sécrète une coquille protectrice, soit d'une seule pièce escargot : *univalve*) soit de deux valves (huître : *bivalve*). Très peu sont dépourvus de coquille : le poulpe, la limace. Deux colliers œsophagiens, formés par le raccord de trois paires principales de ganglions : l'une dans la tête, la 2ᵉ, dans le pied, la 3ᵉ près de l'organe respiratoire. — Jusqu'ici la symétrie de l'animal est paire ou binaire ; il possède un côté droit et un côté gauche, assez semblables, bien symétriques.

Sous le nom de zoophytes ou « animaux-plantes ». Cuvier réunissait les deux derniers embranchements, parce que beaucoup de ces animaux ressemblent à des fleurs, beaucoup se multiplient par bourgeonnement, vivant en commun. Agrégés, presque immobiles, abrités dans le support calcaire qu'ils ont produit (polypier) ces êtres semblent les fleurs animées de leur arbre pierreux. Ex : le Corail.

IV. — Rayonnés. — Leur symétrie est étoilée, radiée, rayonnée : ainsi l'Étoile de mer a cinq branches identiques. Le **1ᵉʳ type**, celui des **echinodermes** épineux, possède un collier œsophagien de cinq ganglions, et deux appareils distincts pour la digestion et pour la circulation. Tandis que les deux fonctions se confondent dans le **2ᵉ type, Polypes** ou **cœlentérés** (cavité intestinale car l'animal ne consiste guère qu'en un sac digestif, muni d'un seul orifice. que bordent des tentacules ; pas de collier œsophagien, à peine quelques nerfs : Méduse, Corail.

V..— Protozoaires. — Les plus simples, les premiers créés. Peu ou pas d'organes. Toutes les fonctions, d'ailleurs très élémentaires, se confondent dans ces masses de *Gelée vivante,* nommée Sarcode, Protoplasme ou Plasma. capable de s'assimiler la nourriture, de réagir un peu et de se reproduire. Les mieux doués ont une cavité digestive et une vésicule contractile servant de cœur : les autres n'ont aucun organe et changent de forme (Amibe) : « Éponge, infusoires ; foraminifères de la craie, noctiluque des mers en feu. Résumons :

LES 5 EMBRANCHEMENTS

I. — Vertébrés : Vertèbres, Squelette, Syst. nerveux dorsal, Cérébro-spinal.
II. — Annelés : Anneaux, Chaîne nerveuse ventrale : **Articulés** et **Vers.**
III. — Mollusques : Manteau, Pied, 2 Colliers œsophagiens : *Univalvés* et *Bivalvés.*
IV. — Rayonnés : Symétrie étoilée : **Echinodermes. Cœlentérés** ou **Polypes.**
V. — Protozoaires : Peu ou pas d'organes : Éponge, Infusoires, Noctiluque.

XVIᵉ LEÇON

L'EMBRANCHEMENE DES VERTÉBRÉS

EST DIVISÉ EN 5 CLASSES

I. — Mammifères. — La mère allaite ses petits. Plus ils sont nombreux, plus elle a de mamelles. Les grands animaux en ont peu, les êtres faibles beaucoup. Cette classe est supérieure (sauf à quelques oiseaux) en intelligence et en amour maternel. Chez presque tous les mammifères le cerveau volumineux a 2 ou 3 lobes, riches en circonvolutions. Une fourrure, que l'automne épaissit. En général ces êtres sont coureurs. Il en est qui bondissent (chat) qui grimpent (singes) qui sautent (gerboise). Les préhenseurs peuvent saisir avec les pattes de devant (écureuil). Les 4 membres se modifient pour s'adapter au genre de vie : aile de la chauve-souris, palmes du phoque, 2 nageoires de la baleine. Presque tous ont des dents enchassées dans les alvéoles. On observe d'étroites anologies entre la dentition et la forme des extrémités : toutes deux révèlent le régime. Ainsi le carnivore (lion) a des canines en crocs, des molaires tranchantes et des griffes redoutables. L'herbivore (bœuf) n'a pas de canines, pas d'incisives en haut, mais de robustes molaires cannelées : ses pieds se terminent par un sabot fendu, inoffensif. Plusieurs, à dentition complète, ayant les 3 sortes de dents, sont omnivores, mangeat un peu de tout, végétaux et proies : singe, ours, porc.

Les mammifères partagent avec les oiseaux 2 caractères de première importance : 1º circulation identique à la nôtre, double et complète, gouvernée par un cœur double, à 4 cavités ; 2º respiration très active, avec des poumons parfaits, d'où résulte une chaleur élevée. Cette température doit demeurer constante, elle est de 38º pour les mammifères et de 42º pour les oiseaux.

II. — OISEAUX. — Vertébrés, couverts de duvet et de plumes, organisés pour voler. Dans leur Aile on retrouve les parties essentielles d'un membre antérieur. Leur bec corné est privé de dents. En général 4 doigts. Avec eux commence la série des Ovipares : ils pondent des œufs et les couvent dans un nid qui est souvent une merveille, puis, ils élèvent leur petite famille.

III. — REPTILES. — Cette classe renferme les vertébrés qui rampent soient qu'ils aient des membres courts et écartés (lézard soit qu'ils manquent de pattes (serpent). La peau est couverte d'écailles superficielles, épidermiques (crocodile) qui peuvent se souder en bouclier (tortue). Les reptiles et les poissons sont des carnassiers dont les dents, semblables à des hameçons, manquent d'alvéoles et sont implantées sur la mâchoire. Ils pondent leurs œufs avec certaines précautions mais très peu les couvent (python) et élèvent leur progéniture (épinoche : poisson).

Chez les reptiles la circulation est encore double mais elle est incomplète : les 2 sortes de sang, vermeil et bleu, pur et impur se mélangent un peu dans l'unique ventricule, et beaucoup vers le tiers supérieur de l'aorte, qui communique avec l'artère pulmonaire par un *canal artériel*. Les reptiles respirent l'atmosphère, mais médiocrement, avec de médiocres poumons. Ils produisent donc peu de chaleur, à peine 4º : c'est pourquoi leur température est **variable**, sans inconvénient : sang tiède en été, froid en hiver. Désormais tous les êtres sont« dits à sang froid ».

V. Poissons. — Vertébrés couverts d'écailles profondes, dermiques, et organisés pour nager, pour respirer et vivre au sein de l'eau ; plusieurs ne quittent jamais les profondeurs. Ce sont leurs nageoires paires, pectorales et ventrales, qui représentent les 4 membres. Les poumons sont remplacés par des **branchies**, c'està-dire des lamelles flottantes, dans lesquelles le sang noir vient se purifier : il absorbe l'oxygène de l'air qui est en dissolution dans l'eau. Ainsi l'eau a dissous de l'air ; cet **air dissous** est plus riche que l'atmosphère en oxygène 32 o/o ; l'oxygène pénètre dans les branchies dont le sang vivifié redevient vermeil. Circulation simple et complète avec un cœur veineux, « droit », c'est-à-dire correspondant à la moitié droite veineuse du nôtre. Les poissons pondent énormément d'œufs : l'épinoche, le gobie font un nid et soignent leurs petits. Plusieurs sont *ovovivipares* ; l'œuf éclot au moment où il est pondu : c'est le cas de plusieurs poissons cartilagineux (raie) et des serpents venimeux : vipère est l'abrégé de *ovovivipare*.

IV. — Batraciens. — Classe intermédiaire entre les deux précédentes, car les batraciens naissent poissons et deviennent reptiles : grenouille, crapaud. De l'œuf sort un petit poisson (*têtard*) à longue queue et sans pattes, qui respire *l'air dissous* d'abord par sa *peau nue*, puis avec des branchies externes, enfin avec des branchies internes. Par une métamorphose profonde, le poisson devient reptile. Des poumons s'organisent, et, quand ils peuvent fonctionner, les branchies disparaissent. Changements corrélatifs dans la circulation. On voit d'abord pousser les pattes de derrière, puis celles de devant, pendant que la queue diminue et disparaît : elle persiste chez la salamandre. La sirène et le protée sont de véritables **amphibies** respirant aussi bien dans l'air que dans l'eau, parce qu'ils conservent leurs branchies tout en acquérant des poumons.

CLASSES

1° Mammifères : Mamelles. Poumons parfaits. Température constante 38°. Fourrure.
2° Oiseaux : Couvent. Volent (ailes). Poumons parfaits. Tempér^re constante 42°. Duvet.
3° Reptiles : Rampent. Poumons médiocres. Température variable. Ecailles.
4° Batraciens : Naissent poissons et deviennent reptiles. Peau nue.
5° Poissons : Nagent. Branchies absorbent air dissous. Ecailles.

LA CLASSE DES MAMMIFÈRES

est divisée en 16 ordres.

Étudions d'abord l'Homme et les Races Humaines :
Puis les Mammifères munis d'ongles ou de griffes : **Onguiculés**;
Ensuite ceux qui possèdent des sabots : **Ongulés;**
Enfin les Aquatiques et les Inférieurs.

Iᵉʳ ORDRE : BIMANES (*2 mains*).

Un seul genre, une seule espèce : l'Homme.

L'être doué de raison : Homo sapiens. Il est à la fois bimane et bipède ; il possède 2 mains délicates, aux pouces parfaits, pour saisir adroitement, et 2 pieds largement étalés pour se tenir debout, marcher, courir. Sa cervelle est supérieure de plus du double à celle des grands singes : elle pèse 1 kil. 3 chez l'Européen (500 gr. chez le gorille). La supériorité de notre cerveau apparaît surtout dans la région frontale qui préside à l'intelligence; elle présente quelques circonvolutions toutes spéciales. L'homme seul possède la parole articulée, l'usage de l'écriture et du feu, la faculté de faire des abstractions, le don de s'améliorer ou tendance à la perfectibilité et, pour tout dire en un mot, qui résume tout, l'émanation divine, l'âme immortelle.

On divise l'espèce humaine en 5 grandes races, pusieurs sous-races et une multitude de rameaux qui s'enchevêtrent. Le meilleur caractère réside dans la supériorité du front par rapport au bas du visage. On nomme **angle facial** l'angle formé par 2 lignes qui partent de la base du nez, l'une pour longer le front, l'autre pour aboutir à l'oreille. Plus cet angle est grand, plus le front est développé relativement à la mâchoire. Il a 85° chez l'Européen, 75° chez le Mongol, 70° chez le Nègre. On distingue aussi les crânes ovales (Australien) et les crânes arrondis (négritos andamènes) ; les mâchoires droites ou verticales (Européen) et les mâchoires saillantes, allongées en avant (nègre). Depuis quelques années on mesure le volume des crânes et le poids des cerveaux : 1 kil. 3 pour l'Européen, 1 kil. chez le nègre, 870 gr. chez les Bochimans, petits nègres du Sud-africain. Les autres caractères sont moins importants : « couleur de la peau ; obliquité des yeux bridés ; épaisseur des lèvres ; nez aplati ; pommettes des joues saillantes ; moustaches, sans barbe au menton (Mongol) ; cheveux

lisses ou crépus ou en houppes(Papou)» Pour grouper les familles
en rameaux, on tient compte des langues qui se ressemblent lorsqu'elles ont une même origine. Les races inférieures diminuent et
disparaîtront ; elles sont caractérisées par l'uniformité des crânes,
des physionomies et des travaux. ; tandis que les races supérieures
possèdent des êtres d'élite, des hommes de génie, qui tranchent sur
la moyenne: le cerveau de Schiller pesait 1,790 gr., celui de Byron
1,800 gr., de Cuvier 1,830 gr. Cette question de suprématie des
races est traitée avec beaucoup de prudence par les maîtres de la
science : Broca, de Quatrefages, Lebon, car le flambeau de la civili-
sation a passé par bien des mains : l'Inde et la Chine étaient au
premier rang, alors que l'Europe végétait dans les ténèbres ;
Memphis, Athènes, Rome ont brillé tour à tour, alors que nos
ancêtres, les Gaulois, étaient des barbares.

1° La race **Indo-Européenne**, qui a pour berceau l'Inde septentrionale règne sur l'Europe, l'ouest de l'Asie, le nord de l'Afrique (620 millions): l'angle facial varie de 85° à 80°. La *sous-race
Blanche* (410 millions porte un surnom qui rappelle qu'elle est
originaire du Caucase. La *sous-race Indoue* (210) est de couleur
brune, et la *sous-race Abyssinienne* 3 a la peau noire. Ce qui
prouve bien que la couleur de la peau est chose secondaire. De
même au sud de l'Inde les Dravidiens sont noirs.

2° La race **Mongolique, ou Jaune** (500 millions), domine au
nord et à l'est de l'Asie. Angle 75°, cheveux lisses, yeux bridés,
etc. Ce sont d'abord les *Mongols*, Chinois, Japonais, Tonkinois,
Siamois, *Tartares*. Puis deux sous-races qui habitent les régions
hyperboréennes, *Lapons* et *Samoyèdes*, *Esquimaux* et *Groënlan-
dais*.

Entre ces 2 grandes races s'en intercalent 2 petites qui comp-
tent, chacune, dix millions environ, mais qui diminuent et tendent à disparaître. 3° La race **Malaise** dont la peau est olivâtre:
Malaisie, Polynésie, les *Maoris* de la Nouvelle-Zélande, les *Ho-
ras* de Madagascar. 4° La race **Américaine** ou **Cuivrée** :«Peaux-
Rouges», Natchez (1 m. 80), **Sioux**, Hurons, Aztèques, Caraïbes
Araucaniens, Patagons, Fuégiens.

La 5ᵉ race dite **Nègre ou Ethiopique**, compte pour 75 millions ; elle habite l'Afrique (sauf le nord) et la Mélanésie. L'angle facial s'abaisse à 70°. Les nègres proprement dits vivent en
Ethiopie, au Soudan, en Guinée : les Cafres leur sont un peu supérieurs, quoique cannibales. Au sud les Hottentots et les Bochimans, bruns. (1 m.30 . En Océanie, les Papous (1 m.55), très fiers
de leur chevelure; les Mélanésiens, anthropophages, et les pauvres

Australiens, (1 m. 50), aux longs bras pendants, qui vont disparaître décimés par l'invasion, la tristesse, la misère. En étudiant les
peuplades inférieures, telles que les Australiens, les Fuégiens de
la Terre de Feu, les Veddahs de Ceylan (qui ne savent pas se dé-
signer par un nom de famille) on comprend ce que furent les premiers âges de l'humanité alors que l'homme n'avait pas encore
imaginé les poteries.

Exercice. — Disposer en tableau ces 5 races et les principales
sous-races.

LA SOUS-RACE BLANCHE OU CAUCASIQUE

est divisée en 4 Rameaux.

EUROPÉEN : Teutons, Celtes, Latins, Grecs, Slaves.
SCYTHIQUE : Turcs, Circassiens, Magyars.
PERSIQUE : Persans, Géorgiens.
ARAMÉEN : Berbères *(Kabyle)*, Basques, Sémites *(Arabe, Juif)*.

XVIIᵉ LEÇON

MAMMIFÈRES ONGUICULÉS
(Ongles plats ou Griffes tranchantes)

En étudiant les animaux supérieurs nous constaterons souvent
plusieurs lois importantes dont les 3 premières ont été formulées
par Buffon : elle concernent la *Répartition* des *Faunes* : 1º Au
voisinage des pôles les animaux sont peu nombreux, et les espèces
analogues se ressemblent ; 2º Dans les régions tempérées il n'y a pas
encore de grandes dissemblances entre les espèces voisines ; 3º C'est
donc dans les régions tropicales que l'on observe le maximum de
différences. Les pays chauds sont les plus riches en grandes espèces : les singes, les félins, les grands échassiers et les gros reptiles ;
4º l'Amérique est inférieure au vieux continent : elle est privée de
l'éléphant, du rhinocéros, de l'hippopotame, de la girafe ; le
jaguar est inférieur au tigre, le lama au chameau, le nandou à
l'autruche ; 5º La faune australienne est très inférieure ; en fait de
mammifères elle n'a guère que les 2 derniers ordres : marsupiaux et
monotrèmes ; 6º Madagascar et la Nouvelle-Zélande ont des faunes

spéciales ; 7° Pour ne pas être aperçus de leur ennemis ou de leurs victimes beaucoup d'animaux ont la couleur de leur retraite habituelle : l'ours blanc est invisible dans la neige ; le renard polaire prend en hiver la teinte bleuâtre de la glace. Le coq de bruyère ne se distingue pas mieux des bruyères qui lui donnent asile que le lièvre du sillon où il s'est blotti. Les singes d'Amérique ont une fourrure verte. Le lion est fauve comme les rochers brûlés qui lui servent de repaire.

IIe ORDRE : QUADRUMANES
(Quatre mains)

	(1)	*Tribus.*
1er sous-ordre SINGES ou Simiens	Ancien Continent	1. *Anthropoïdes :* Orang, Chimpanzé, Gorille, Gibbon. 2. *Babouins* ou *Cynocéphales* (**Afrique**). Papion. 3. *Macaques* (**Asie**). Magot (**Gibraltar**). 4. *Guenons* : longue queue (**Afrique**). 5. *Semnopithèques* (**Asie**) : Entelle, Colobe, Nasique.

(2) **Américains** : *Ouistitis, Sagouins, Sapajous,* Hurleur.

2° Makis ou **Lémures** : Maki, Aye-aye (**Madagascar**), Galéopithèque « volant ».

✱

I. — Les Quadrumanes sont des grimpeurs qui ont 4 mains munies d'ongles, 4 pouces opposables, pour vivre dans les arbres, s'élancer, se cramponner, se tenir assis sur les branches. Leurs pouces inférieurs sont plus puissants que les supérieurs qui manquent à quelques uns, bimanes par en bas : Colobe. Ces êtres bondissent bien, mais courent mal, incomplètement appuyés sur la paume. Plusieurs ne descendent jamais à terre. Leur dentition est semblable à la nôtre : ils sont donc omnivores, mangeant des « fruits, amandes, œufs, oiseaux, lézards, insectes ». Cerveau développé, beaucoup d'intelligence. Les 4 premiers extraordinaires ; le nom de cette tribu, Anthropoïdes, indique qu'on les compare physiquement à l'homme, mais de loin, de très loin

II. — Makis. — On divise les quadrumanes en Singes et Makis. Les Makis sont inférieurs aux singes en intelligence et en force. On les reconnaît à leur museau velu et pointu, de belette, qui n'a pas cet aspect repoussant de caricature humaine qu'offre la face dénudée du singe. Les makis préfèrent les proies aux végétaux ; ils sont très insectivores ; on les surnomme **lémures** (spectres) pour rappeler qu'ils sont crépusculaires ou nocturnes, déployant leur activité au crépuscule ou la nuit, après avoir dormi comme les chauves-souris pendant le jour. Ils dominent à Madagascar qui est privée de singes. Le maki est joli, avec ses grands yeux veloutés et son long panache. Ne pas confondre l'aye-aye avec l'édenté Aï, tous deux grimpeurs très lents. A Sumatra le Galéopithèque « volant » possède sur les flancs une membrane ou repli de la peau qui lui sert de parachute.

III. — SINGES. — Sauf quelques petites espèces, inoffensives et assez jolies (Ouistiti) les singes sont nuisibles, pillards, méchants, répugnants. Beaucoup vivent en société, sous la conduite d'un chef et organisent des expéditions pour dévaster et saccager les plantations ou les jardins : babouins, macaques, guenons. En une nuit le cultivateur est ruiné. Les singes que l'on élève ne s'améliorent pas avec les années : tout au contraire ils deviennent de plus en plus taquins, méchants, dangereux pour les petits enfants, faisant le mal pour le mal.

Par une **loi générale**, que nous retrouverons sans cesse, les animaux d'Amérique sont inférieurs à ceux du vieux continent. C'est dire que les singes américains sont moins intelligents et plus faibles. On les reconnaît à leurs 36 dents et leurs narines écartées. Les Ouistitis mignons ont des griffes, sauf aux pouces. La fourrure des Sagouins est verte comme le feuillage qu'ils ne quittent guère. La longue queue des Sapajous s'enroule autour des branches : son extrémité dénudée, capable de toucher, de palper, de saisir, de cueillir, constitue une 5ᵉ *main* chez le Hurleur dont les cris formidables épouvantent chaque matin les hôtes de la forêt, et chez l'Atèle-araignée, gymnaste vertigineux, aux membres grêles démesurés.

Les singes du vieux monde, ou Pithécins, ont des narines rapprochées et, comme nous, 32 dents, aux canines saillantes. Plusieurs logent des provisions dans des *abajoues*. Ayant besoin d'un climat chaud, ils ne vivent pas en Europe, sauf le Magot que l'on tolère sur les rochers de Gibraltar. Très laids et très drôles les Macaques, joie de nos ménageries. Les babouins sont affreux, avec leur museau de chien (Cynocéphales) et leur queue courte : ils abusent de leur force quand on oublie de protéger leurs petits compagnons. Les Guenons (Afrique) ont un caractère doux et une longue queue. Quant aux Semnopithèques, vénérés dans l'Hindoustan, leur nom rappelle leur allure grave, leur mine sérieuse : images de quelque divinité malfaisante : l'entelle et le rhésus sont sacrés.

IV. — LES 4 ANTHROPOÏDES. — Comparables, mais de très loin, et seulement au physique, à l'Australien ou au Boschiman, ce sont des merveilles d'intelligence, d'affection familiale, d'amitié pour leurs semblables. Ils organisent dans les arbres un véritable lit de feuilles, avec toiture contre la pluie. Ils font quelques pas debout, voûtés, puis ils retombent sur le dos des doigts de devant, tandis que les autres singes marchent à 4 pattes sur la paume, à la fois quadrumanes et quadrupèdes. En captivité on obtient d'eux des choses étonnantes : ouvrir une serrure, se servir à table proprement, etc. Malheureusement ils meurent très vite, de froid et de tristesse. 1º L'Orang-outang (de Bornéo, Sumatra), ou homme des bois : 1 m. 35. roux. 2º Le Chimpanzé (Guinée, Gabon, plus doux, plus petit, plus foncé 3º Le Gorille (id) énorme, 2 m., farouche, indomptable. terrible dans sa défense: mais non pas cruel, puisqu'il ne mange que des végétaux. 4º Le Gibbon (Malaisie, Inde) a des membres démesurés comme l'atèle : ses bras pendent jusqu'à terre, il grimpe avec une agilité merveilleuse. Pour augmenter l'intensité de leurs cris, la nature a donné à presque tous les anthropoïdes, ainsi qu'aux hurleurs, des cavités dans la gorge, ou sacs laryngiens.

Lecture. — Orang et chimpanzé (Intelligence des animaux par E. Menault. *Bibliothèque des merveilles*.

XVIIIᵉ LEÇON

IIIᵉ ORDRE : CARNIVORES OU CARNASSIERS

(*Mangeurs de chair ; vivant de proies*)

	GENRES	ESPÈCES
Digitigrades Marchant délicatement sur le bout des doigts.	1. **Chat** (félis) **Félins**	Vᵉ Continent : Lion, Tigre, Panthère. Amérique : Couguar, Jaguar, Ocelot.
	2. **Hyène:** Rayée, Tachetée, Brune (**Afrique et Perse**).	
	3. **Chien :** Chien, Loup, Renard, Isatis, Chacal.	
	4. **Belette :** Putois, Hermine, Furet — Fouine, Martre.	
Intermédiaires	5. **Civette :** Civette, Genette, Mangouste ou l'Ichneumon.	
	Divers : Glouton, Loutre, Ratel, Raton, Coati, Moufette.	
Plantigrades Marchant lourdement sur la plante des pieds.	1. **Blaireau.**	
	2. **Ours :** Brun, Gris, Noir, à collier, Jongleur, Blanc.	

I. — Les Carnivores, vivant de proie, ont une mâchoire très forte qui se déplace en ciseaux. 4 canines ou *crocs* arrêtent, étranglent, déchirent la victime. Molaires tranchantes pour broyer les os : on nomme *carnassières* les 4 plus grosses, logées au fond de la gueule chez ceux qui sont exclusivement carnassiers : tels que les félins. Quand l'animal mange volontiers des végétaux (ours, blaireau). ses carnassières sont suivies d'autres molaires dites *tuberculeuses*, comme les nôtres afin de broyer les écorces, les racines : le chien en a 8 : en tout 42 dents $\frac{3}{3}$ i, $\frac{1}{1}$ c, $\frac{4}{7}$ m.

Les griffes sont le plus souvent des armes (Ours) : celles des félins, *rétractiles*, rentrées dans la patte, ne sortent que lorsque l'animal veut s'en servir ; ainsi, elles demeurent tranchantes, et le félin s'approche de sa victime sans qu'aucun bruit trahisse ses projets. Pour le combat de la vie, les carnivores sont bien armés, car ils ont beaucoup plus de peine que l'herbivore à trouver leur nourriture. *La nature les a créés intelligents* (ruses et patience du renard), agiles, pourvus de sens excellents : œil perçant, flair subtil, oreille fine. Les uns sont des *coureurs* infatigables : bandes de loups poursuivant un traîneau ; lévriers, si rapides qu'il est défendu de les utiliser à la chasse. D'autres courent mal, mais *bondissent* à merveille. Les chats guettent leur proie, rampent et s'élancent. L'ours est un bon *grimpeur* ; panthère, civette, chat sauvage se plaisent à l'affut sur les arbres; dame belette *se faufile* dans le moindre trou du poulailler ; la loutre plonge pour dévaster les viviers; les ours blancs *nagent* en sociétés.

II. — Non seulement c'est un ordre nuisible, qui décime le bétail, la basse-cour, et les petits oiseaux (ces jolis auxiliaires qui croquent les insectes), mais les grands carnassiers sont dangereux pour l'homme. Chaque année, le tigre dévore 3.000 Indiens au sud de l'Asie; les lions sont moins avides de chair humaine, mais le chasseur risque sa vie en attaquant les grands félins : l'ours gris de Sibérie et d'Amérique, les ours blancs qui se prêtent assistance. Dans nos hivers rigoureux, des enfants sont attaqués par les loups; ce carnassier fait en Russie 200 victimes par an.

Une seule compensation sérieuse : c'est parmi les carnivores que nous avons trouvé notre fidèle ami, notre meilleur serviteur : *le chien*. Que de services rendus, que de races créées ou améliorées : chiens de berger, de garde, de chasse, d'aveugle, de sauveteurs (Terre-Neuve, Saint-Bernard), de policiers, etc; attelage des Esquimaux. On utilise les services restreints du chat, du furet du guépard dressé à la chasse. La civette et la genette sont domesiquées pour le parfum musqué qu'elles fournissent. *Fourrures splendides* : félins, ours, loutre, zibeline, hermine. Si la chair des vrais carnassiers n'est pas mangeable, celle des omnivores, friands de végétaux et de miel, est assez agréable : ours, blaireau. Les Chinois mettent à la broche un affreux chien dénudé et gras.

Ainsi, tout d'abord, le mal semble tellement l'emporter sur le bien, que l'on souhaite l'extermination des carnivores (l'Angleterre n'a plus de loups et presque pas de renards . Ce serait un bien dans l'intérêt de nos animaux domestiques. Mais, en dehors des pays civilisés, ce serait plutôt un mal, parce que les herbivores sauvages dont le nombre et l'audace augmenteraient soudain, dévoreraient les plantations. Depuis que les Anglais ont refoulé dans le désert les lions du Cap, on a beaucoup de peine à protéger les cultures contre la dent des antilopes. Il faut donc que l'homme ne modifie pas trop brusquement cet équilibre général en vertu duquel le bien et le mal se balancent ici-bas. De même, nos petits carnassiers détruisent mille bêtes nuisibles : rats, mulots, serpents, insectes. Pour ce motif, l'ichneumon était vénéré en Égypte; on admet, aussi, qu'il est friand d'œufs de crocodile.

III. — La famille des **Félins**, ou genre **chat**, est composée d'espèces qui se ressemblent beaucoup, sauf la taille : animaux crépusculaires, chassant au déclin du jour : œil phosphorescent, à pupille très dilatée qui voit dans l'obscurité : griffes rétractiles, sauf chez le guépard ; chasseurs qui se mettent à l'affût près des ruisseaux, parfois dans les arbres, et qui bondissent. Langue râpeuse pour faire couler le sang, saigner les chairs. 30 dents $= \frac{6}{6}$ incisives, $\frac{1}{1}$ canines, $\frac{4}{3}$ molaires. Le *Lion* règne en Afrique et en Perse, suivi à distance respectueuse par des bandes de hyènes qui se disputent les débris de son repas. Le *Tigre* règne au sud de l'Asie. La *Panthère* vit en Malaisie, Asie, Afrique ; on nomme léopard la grande panthère africaine. On rencontre dans les Pyrénées une variété de *Lynx* ou loup-cervier. En vertu de la **Loi Générale**, les félins d'Amérique sont inférieurs à ceux du vieux continent : ainsi le *Jaguar* est plus petit que le tigre : l'*Ocelot* plus faible que la panthère. Quant au *Couguar* ou *Puma*, surnommé : « lion américain » c'est une sorte de léopard fauve, sans crinière. Le jaguar est plus allongé que la panthère : il possède 4 ou 5 rangées de grandes rosaces, ayant un point central, tandis que la panthère est mouchetée d'une dizaine de rangées de petites taches. Alexandre faisait étrangler par deux dogues le petit lion européen de Macédoine anéanti depuis cette époque.

C'est en Amérique que l'on trouve le *Raton laveur* qui lave sa nourriture, même dans nos ménageries ; le *Coati*, assez joli malgré son long museau pointu ; la *Moufette* que protège la plus affreuse des odeurs. Le *Blaireau* se creuse un terrier très propre. L'*Ours* est intelligent, solitaire, sauf les redoutables sociétés d'ours blancs au pôle. Tout cet ordre nous fournit de nombreux exemples d'une **Loi** naturelle qui veut que beaucoup d'animaux aient une fourrure, une « livrée » semblable à leur entourage accoutumé, afin de demeurer inaperçus, invisibles, pour tromper leurs ennemis et leurs victimes. Et d'abord, l'ours blanc, blanc comme son royaume de neige. Le renard polaire, ou Isatis bleu, prend en hiver la teinte bleuâtre de la glace ; l'hermine devient d'une blancheur proverbiale. Le lion est fauve comme ses rochers et ses sables brûlés par le soleil. Les mouchetures de la panthère rappellent qu'elle guette sa proie du haut des arbres, et les rayures du tigre qu'il se dissimule dans les jungles de l'Inde, roseaux et bambous.

200 RACES DE CHIENS

1° **Chasseurs** : (1) *Arrêt* : Braque, Epagneul, Basset. (2) *Courants*.
2° **Laineux** : Terre-Neuve, St-Bernard, de Berger, Mouton.
3° **Lévriers**. 4° **Mâtins**. 5° **Dogues** : Bouledogue, Terrier, Carlin.
Sauvages : Colsun et Buansu (**Inde**) Coloré (**Cap**). Des Pampas. Dingo (**Australie**).

Lecture. — Le Lion, par Buffon. Quelques pages de *Jules Gérard,* le tueur de lions.

XIXe LEÇON

FIN DES MAMMIFERES ONGUICULÉS (*à griffes*)

Les 3 ordres suivants renferment des êtres inférieurs aux précédents, moins intelligents et plus petits ; leur cerveau a seulement 2 lobes, ou un seul, et peu de circonvolutions. La plupart se creusent des terriers et sont crépusculaires ou nocturnes. Plusieurs *hibernent* ; ils dorment tout l'hiver et sortent de cette léthargie amaigris, affamés. Les insectivores et les chauves-souris sont de précieux auxiliaires que l'agriculteur fait respecter, car ils dévorent les insectes et d'autres petites bêtes malfaisantes : souris, mulot, serpents. La nature leur a donné une mâchoire formidable armée de limes, cisailles, tenailles, molaires hérissées.

IVe ORDRE INSECTIVORES

Mangeurs d'insectes

Taupe. Hérisson. Musaraigne. Desman.

I. — La **Taupe** posède un long museau fouisseur, 2 yeux très petits, pas d'oreille externe, 2 pattes antérieures élargies en pelles de terrassiers. Elle se creuse des *taupinières* compliquées, avec chambre centrale, 2 galeries circulaires et de longs corridors ; c'est là qu'elle fait une chasse rapide, infatigable, aux insectes et aux petits mulots. Peu d'êtres sont aussi énergiques ; il n'y en a pas de plus voraces. Quand deux taupes se rencontrent, c'est un duel à mort. Elles nous délivrent surtout du « *ver blanc* », cette larve de hanneton qui dévore nos meilleurs végétaux pendant plus de deux ans, avant de se métamorphoser en hanneton très nuisible, lui aussi. Lorsqu'un potager, trop miné de taupinières, menace d'être défoncé, on repousse les taupes en plein champ, mais on ne demande plus au « taupier » de les tuer. La Provence posséde une taupe aveugle On remarque au Cap et en Chine des taupes dorées et dans l'Am. nord le *condylure* à museau étoilé. Pas de taupes dans l'Am. sud et l'Australie.

II. — Le **Hérisson**, couvert de piquants, se roule en boule devant l'assaillan t tant son muscle peaucier est développé et souvent il lasse la patience du renard. Chasseur un peu bruyant, il dévore les insectes, escargots, rats, mulots..... et *les vipères* dont il aime braver le venin, presque impunément. Aussi l'a-t-on domestiqué en Perse. Sa chair est passable, mais on aurait tort de tuer cet être utile. Le *tanrec* de Madagascar a des piquants peu durs presque mous.

III. — La **Musaraigne** (ou souris-taupe) est le plus mignon des mammifères : la petite espèce n'a pas plus d'un centimêtre ; sa queue est deux fois plus longue ; le museau pointu est une sorte de trompe. Elle dévore les insectes microscopiques qui sont parfois les plus nuisibles, comme le prouve le phylloxéra. Mais elle s'introduit volontiers dans le grenier pour y manger des grains. Son odeur est musquée, moins que celle du **Desman**, 2 fois gros comme le hérisson, animal palmé, donc aquatique, armé comme la taupe de 44 dents ; il vit en Espagne, en Russie, au Thibet. Le *Cladobate* malais ressemble à l'écureuil.

En dehors de cet ordre et du suivant, nous étudierons une multitude de mangeurs d'insectes, plus utiles les uns que les autres : les fourmiliers, des marsupiaux, les oiseaux et les reptiles, le crapaud, l'araignée.

Vᵉ ORDRE : CHAUVES-SOURIS OU CHEIROPTÈRES

(Main-ailée)

I. — Leur main se transforme en aile ; 4 doigts s'allongent pour soutenir une membrane double, fine, sensible, qui se rattache aux flancs, aux pattes et à la queue. Le 5ᵉ doigt correspondant au pouce est un crochet, qui sert pour se suspendre et pour ramper. Crépusculaires ou nocturnes, les chauves-souris ont un œil petit que la vive lumière éblouit : les autres sens sont excellents. L'intérieur des ailes est d'une sensibilité telle que la bête devenue aveugle ne se heurte jamais, en voltigeant dans une salle où l'on a accumulé des obstacles. Oreille fine, parfois à conque énorme munie d'une soupape (*Oreillard*. Flair subtil, le nez pouvant être surmonté d'appendices recourbés, ou feuilles nasales (*lyre, fer à cheval*. Souvent deux sortes de poches à provisions : dans la cuisse et dans la joue.abajoue. Ces êtres hibernent en commun, accrochés aux saillies de leur retraite et les uns aux autres. Plusieurs aiment à se suspendre par les pieds, dormant la tête en bas.

II. — Toutes nos espèces **indigènes** doivent être respectées en qualité de précieux insectivores, accomplissant dans l'air la tâche utile que les taupes exécutent sous terre. Les *vespertilions* volent dans les villes au coucher du soleil, les *noctules* se plaisent dans les arbres, les *serotines* nichent dans les clochers ; la *pipistrelle* des greniers, le *molosse* assez gros, etc.

Quelques espèces **exotiques** sont très grandes et assez nuisibles. Le *mégaderme-lyre* de l'Inde vit de grenouilles. La **roussette** (Inde, Am.), surnommée « chien volant », a la taille, le museau, la couleur d'un petit renard. Son envergure dépasse un mètre et demi. Très friande de fruits, elle pille les jardins : on lui fait la chasse, et l'on mange sa chair fort agréable. Le **vampire** (Am. sud), armé de 2 longues canines inférieures, aspire le sang des animaux endormis sans les réveiller, il s'attaque volontiers au bétail, jamais à l'homme. Fort heureusement il est de petite taille et ne peut nuire qu'à de très jeunes animaux.

VI° ORDRE : RONGEURS

Préhenseurs | Rat, Souris, Mulot, Hamster, Campagnol, Lemming.
Écureuil, Loir, Gerboise, Marmotte, *Castor, Chinchilla.*

Coureurs | Porc-Épic. **Américains** : *Cochon d'Inde ou Cobaye, Cavia.*
Myopotame ou Coïpou, Agouti, Paca, Cabiai.

Sauteurs : Lièvre, Lapin, Lagomys.

I. — Les Rongeurs sont organisés pour ronger continuellement, manger ou grignoter toujours. Les 4 incisives énormes $\frac{2}{2}$, en biseau poussent sans cesse, et s'allongeraient à l'excès si elles ne s'usaient par un frottement continuel; quand l'une d'elles est cassée celle qui lui est opposée fait bientôt saillie hors de la bouche qu'elle obstrue. Pas de canines $\frac{0}{0}$, un large espace vide.

Des molaires crénelées de stries *transversales*, parce que la mâchoire se déplace en longueur, comme un rabot, pour râper les écorces, les graines, les aliments les plus durs. La majorité n'a que 16 dents $= \frac{2}{2}$ inc., $\frac{0}{0}$ c., $\frac{3}{3}$ m. Le lapin et le lièvre en ont $28 = \frac{1+1}{1}$ inc., $\frac{0}{0}$ c., $\frac{3}{3}$ m.; derrière leurs 2 grandes incisives supérieures, sont logées deux petites, dites « de renforcement ».

II. — C'est un ordre fort nuisible : les rongeurs dévorent nos meilleurs végétaux : ils dévastent les jardins, les greniers, les champs. Plusieurs souillent les provisions des placards, des caves, des navires ; le rat d'eau dévaste les viviers. Le mal devient fléau avec les campagnols, lemmings, hamsters, qui font, avant l'hibernation, d'énormes provisions pour le réveil ; le *campagnol-économe* de Sibérie, moins gros qu'un rat, enfouit 100 kilogrammes de blé dans son terrier. Heureusement que les *lemmings* scandinaves entreprennent des voyages qui se terminent par leur extermination réciproque ; ils se détruisent les uns les autres. Ce sont des **émigrants**, les rongeurs : le *rat noir*, nous est arrivé d'Orient, à la suite des croisades, au retour des croisés ; il a été chassé des égouts de nos grandes villes par le *surmulot gris*, venu du Caucase et de l'Inde, surtout par navires chargés de blé. Et notre *souris* d'Europe a pris le même moyen de traversée pour émigrer en Amérique.

Par compensation à ces caractères nuisibles, on mange beaucoup de rongeurs : lièvre, lapin, écureuil, porc-épic, etc. On en tire de belles fourrures ; les longs poils servent pour feutres de chapeaux et les peaux souples pour gants : castor, écureuil gris (petit gris, viscache, myopotame, chinchilla domestiqué au Chili, lapin-angora, etc.

III. — Les rongeurs forment trois groupes :

1º Les préhenseurs, qui prennent assez adroitement leur nourriture avec les courtes pattes de devant lorsqu'ils sont assis. Presque tous sont grimpeurs, avec clavicule, et omnivores. Parmi les plus curieux : la *gerboise*, qui bondit très drôlement, le castor et le « chien des prairies », aux républiques si intéressantes.

2º Les coureurs : sans clavicule, véritables herbivores ; leurs molaires n'ont pas de racines et poussent sans cesse. Sauf le porc-épic, ils vivent en Amérique ; plusieurs sont très grands : l'*agouti*, 50º, haut sur pattes, court fort bien, et s'apprivoise. *Le cabiai* aussi ; il dépasse 1 mètre et quart : bon nageur, quoique lourdaud, il rappelle en petit l'hippopotame.

3º Les sauteurs ou léporidés : Lièvre et Lapin ; celui-là solitaire, peu rusé, blotti dans un sillon ; celui-ci intelligent, rusé, vivant en sociétés, se creusant un terrier à plusieurs issues : presque libre dans les garennes, domestiqué dans les clapiers. Le *lagomys*, s'est cantonné dans les régions froides (Sibérie, Mᵗˢ Rocheux) pour fuir l'homme, tout comme la marmotte s'est réfugiée sur les hauteurs neigeuses des Alpes.

Lecture : Quelques fables de La Fontaine sur les rats : La Chauve-Souris et les Deux Belettes.— Lire dans Buffon, les mœurs des Castors, et dans *Brehm*. la vie du « Chien des Prairies » américaines.

XXᵉ LEÇON

IIᵉ DIVISION. — MAMMIFÈRES ONGULÉS

CHAQUE DOIGT ENTOURÉ D'UN SABOT

I. Le Sabot est un étui corné qui enveloppe complètement l'extrémité du doigt, la phalangette ; il ne peut servir ni à prendre, ni à toucher délicatement. Les ongulés ne sont pas préhenseurs : quand ils portent la nourriture à leur bouche, ce n'est pas avec le pied : éléphant. Presque tous sont de pacifiques *herbivores*, se courbant jusqu'au sol pour brouter l'herbe, ou attirant avec leurs longues lèvres, la branche dont ils convoitent les feuilles, les

fruits, l'écorce. Mâchoire mal garnie sur le devant, dépourvue de
canines qui déchirent les proies : elle a des incisives pour couper
les végétaux, et de robustes molaires pour les triturer ; véritables
meules mâchelières, renforcées de replis d'émail et de cément sur
leur couronne. Chez un petit nombre d'ongulés, la présence de
canines révèle des omnivores, aimant certaines proies (Porcins):
elles s'allongent en défense chez le sanglier et le porte-musc. Le
cheval n'acquiert ses quatre canines qu'à l'âge de 7 ans et la jument
est privée des 2 inf. ce qui prouve bien que cette arme tardive n'est
pas destinée à la mastication mais au combat. Toutefois l'an-
tiquité a connu des chevaux féroces qui dévoraient les victimes.

II. — Par un instinct de solidarité, de protection mutuelle,
les ongulés vivent en *Sociétés*, sous la conduite d'un chef digne
de commander par la vigueur ou la prudence que donnent les
années.Attaqués par les carnivores ils forment le cercle : au centre
se placent les plus faibles, jeunes et vieux, mères et petits : alors
les buffles dressent leurs cornes vers le tigre : les chevaux, à
l'inverse, tournent leurs sabots de derrière vers la bande de loups,
mise en fuite par leurs ruades.

Presque tous ces herbivores qui, vivent en société sont devenus
nos **animaux domestiques** : leur sociabilité a facilité leur
domestication. Habitués à obéir à un guide, ils ont accepté plus
volontiers la protection de l'homme : cheval, bœuf, mouton, porc,
chameau, renne, éléphant. La domesticité a diminué leur vigueur:
le porc dérive du sanglier plus robuste, le mouton du mouflon,
la chèvre du bouquetin. Mais par des soins persévérants, grâce à
une patience ingénieuse, nous sommes arrivés à créer des **races**
qui nous donnent le maximun d'utilité : le cheval anglais pour la
vitesse : le bœuf durham pour la viande : certains porcs pour le
lard : la vache suisse pour le lait ; le mouton mérinos pour la
laine. En principe, 2 catégories de races : 1º **Les races de
plaines**, animaux de grande taille et de grand rapport, mais qui
réclament des soins, une nourriture choisie: la vache hollandaise,
le cheval normand. 2º **Les races de montagnes**, animaux
petits, mais robustes, rustiques, se contentant de peu, pouvant
passer bien des nuits en plein air : le poney d'Ecosse ; le mouton
à tête noire d'Auvergne.

III. — Cuvier divisait en 3 groupes les animaux à sabots:
1º *les chevaux*, 2º les *pachydermes*, à cuir épais, éléphant, rhinocéros,
porc. 3º *les ruminants*. Aujourd'hui on adopte 4 ordres : éléphants,

jumentés, porcins, ruminants. Dans les deux premiers ordres, le nombre des doigts est impair, 5, 3, ou 1, et, dans les deux derniers, il est *pair*, 4 pour les porcins, 2 chez les ruminants, ce qui constitue le pied fourchu de ces 𝔅isulques. Chez tous, la course est facilitée par l'allongement du canon, métacarpe et métatarse.

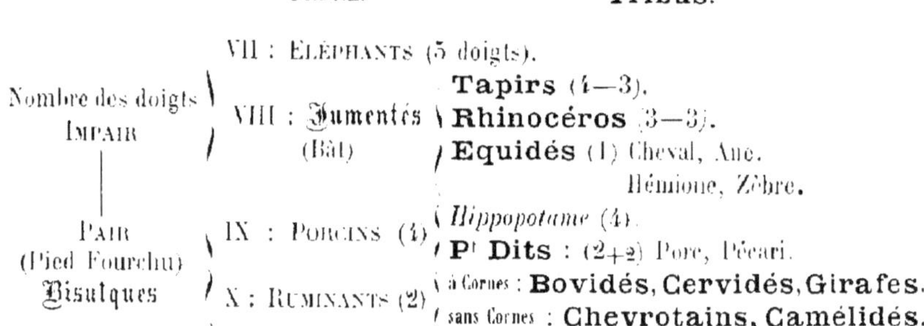

VIIᵉ ORDRE : ÉLÉPHANTS OU PROBOSCIDIENS
(à *trompe*)

I. — La trompe est le prolongement du nez ; elle est munie, en haut, d'une soupape, et en bas d'une languette ou « doigt » dont l'habileté est incroyable ; l'éléphant ramasse une pièce de 4 sous : il ouvre une serrure. Avec ce tuyau double l'animal cueille sa nourriture et pompe sa boisson ; puis il recourbe sa trompe qui introduit dans l'énorme gueule l'herbe ou le liquide. Il a 8 molaires, qui sont renouvelées 5 à 6 fois dans le courant de sa longue existence de 150 à 180 ans. Pas de canines ni d'incisives inférieures. Les 2 *défenses* représentent donc les incisives supérieures : total 10 dents : $\frac{1}{0}, \frac{0}{0}, \frac{3}{3}$. Ces défenses sont le type du plus bel ivoire ; leur poids atteint 750 kilos. — 5 doigts empâtés dans une colonne massive.

II. — L'éléphant est une merveille d'intelligence que les années augmentent, et on le devine à la vivacité de ses petits yeux malins. 1° *L'espèce asiatique* est plus petite ; front 2 fois bombé ou concave ; petites oreilles mobiles ; les molaires sont renforcées de bandes d'émail allongées en ellipses. On s'empare difficilement de ce noble animal avec le concours d'éléphants domptés ; alors il se soumet et, sous la direction de son *cornac*, parfois même exécutant sans surveillance la tâche accoutumée, il rend d'immenses services ; il porte 2.000 kilos parcourant 20 lieues par jour. Transport de bois précieux ; labourages profonds ; chasse au tigre ; transport de canons. 2° *L'éléphant d'Afrique* est plus grand : front bombé, convexe, larges oreilles immobiles ; bandes d'émail allongées en losanges sur les molaires. Autrefois il était domestiqué ; les Carthaginois l'employèrent contre Rome : aujourd'hui il est redevenu indomptable ; d'ailleurs les nègres préfèrent l'exterminer pour vendre son ivoire, véritable crime de sauvagerie, que les Européens devraient empêcher.

Nos premiers pères ont connu d'autres proboscidiens ancêtres de l'éléphant : *le dinothère* avait 2 crocs recourbés à la mâchoire inférieure : $\frac{0}{1}$ in2. ; *le mastodonte*, aux molaires mamelonnées possédait 4 superbes défenses $\frac{1}{1}$: *le mammouth*, orné d'une fourrure et d'une crinière, dressait 2 magnifiques défenses courbes : $\frac{1}{0}$: on en a retrouvé dans les glaces de Sibérie qui les ont conservés intacts : des chiens voulaient dévorer cette chair vieille de 6.000 ans. Leurs défenses constituent l'ivoire fossile verdâtre.

VIIIe ORDRE : JUMENTÉS

I. — Leur nom indique que plusieurs sont des bêtes de somme, portant *le bât*, « l'âne : le cheval du paysan ; le tapir américain. » Le nombre des doigts est impair : 3 chez le tapir et le rhinocéros, 1 chez les chevaux. Pour être très exact nous dirons que le tapir a 4 doigts en avant, le daman 5, le rhinocéros 3 et, tous, 3 doigts en arrière. Muni d'une petite trompe, le *tapir* aime les marais ; sa taille dépasse celle de l'âne, une espèce vit en Malaisie et dans l'Inde : une autre est un peu domestiquée en Amérique. La peau du *rhinocéros* est à l'abri des balles : sa longue lèvre cueille les végétaux ; son nez est armé d'une corne creuse (Inde, Java) ou de deux (Sumatra, Afrique) : monstre farouche, inintelligent, mais inoffensif. Entre ces deux gros pachydermes, les règles de la classification intercalent un petit être velu, musqué, comestible. le *daman* qui vit en troupes au Cap et en Syrie ; il a presque les pattes du tapir (5-3) et la dentition sans canines du rhinocéros.

II. — **Les Equidés, solipèdes, ou chevaux**, renferment d'intelligents et gracieux animaux, très agiles : leur canon allongé est suivi d'un seul doigt robuste, à 3 phalanges : paturon, couronne, pied ou phalangette, entouré du sabot. Mieux que les femelles, le mâle est armé de canines, parfois tardives ; un long espace vide, *la barre*, les sépare des molaires. C'est là que l'on place le mors. Type : la mâchoire du cheval (42 dents) · $\frac{3}{3} \cdot \frac{1}{1}$, — $\frac{7}{6}$.

L'*âne* est utile, sobre, patient, intelligent et joli quand il est soigné ; certaines races sont fort belles (Egypte). Assez voisins de lui, l'*onagre*, l'*hémippe* (de Turquie d'Asie), l'*hémione* (de l'Inde), tous trois fauves ; et les espèces africaines tigrées : *zèbre, couagga, daw*.

III. — Le **cheval**, en latin *Equus*, d'où équitation, équestre, écuyer ; en grec *Hippos*, d'où hippique, hippodrome. Pendant 25 à 30 ans, ce bon serviteur rend mille services à l'agriculture, à l'armée, aux cités ; cheval de trait, de selle, de chasse : carrossiers, grosse cavalerie, cavalerie légère.

Jusqu'à 12 ans, l'examen de sa mâchoire permet de préciser son âge ; car les dents de lait sont remplacées à époque fixe ; les canines ne poussent qu'à 7 ans : les incisives encore jeunes $\frac{2}{3}$ sont creusées d'une fossette qui diminue et disparaît par l'usage. Quand ce précieux auxiliaire meurt, il n'est rien de lui que nous n'utilisions : *la chair* est appréciée de plus en plus (hippophagie) ; on fabrique de la colle-forte avec les *tendons* et les *rognures de peau* : celle-ci est tannée en cuir aux nombreuses applications ; on emploie *la corne les crins, la bourre*. Avec les *os* on confectionne mille objets : boutons, manches, etc., ou bien l'on prépare le noir animal, le phosphore ; bref, rien n'est perdu.

Les grandes races de plaines procurent les timoniers pour gros camions : flamands, boulonnais. Les poneys des montagnes ont le pied très sûr au bord des précipices : Corse, Navarre, Écosse, Java. Le cheval de course, anglais ou andalou, dérive de l'arabe. L'élevage et le dressage du « pur sang » rarement rémunérateur, est le luxe d'un grand seigneur et l'honneur d'un bon citoyen, car il suffit d'inoculer quelque peu de ce sang pur dans les veines du « cheval d'armes » pour lui donner la vaillance, la rapidité, l'endurance. La Tartarie possède le *tarpang* sauvage, et l'Amérique des chevaux demi-sauvages que l'on prend au lazzo ; ils descendent de coursiers importés d'Europe, car il n'y avait plus de chevaux dans le Nouveau-Monde quand il fut découvert par Ch. Colomb, 1492. A des époques reculées, le cheval fut traqué comme gibier. *Robes* : cheval noir, bai, alezan, isabelle, gris, rouan, pommelé, blanc, marron d'Inde, pie, etc.

Notes. — 1° Le *Mulet*, qui rend d'assez grands services à l'armée et dans les pays de montagnes, n'est pas une espèce : il ne se reproduit pas ; il provient du croisement de 2 espèces, le cheval et l'âne. 2° Pourquoi placer le cheval et le zèbre, si élégants, dans le

même ordre que le rhinocéros et le tapir, ces 2 lourdauds ? Par
une raison décisive que nous approfondirons, l'an prochain, en
géologie ; les ancêtres du cheval et de l'âne ressemblaient au tapir:
ils en avaient l'allure trapue, le nombre de doigts, le canon mul-
tiple, la petite trompe ; comme lui, ils vivaient dans les marais.
Peu à peu, quittant les marécages pour les prairies, ils devinrent
agiles, sveltes ; alors les 2 doigts latéraux diminuèrent (*hipparion*),
puis disparurent, et il ne resta plus que le médius robuste. Le
canon atteste ces transformations, puisqu'il est triple : derrière le
grand os, métacarpien ou métatarsien, nous en voyons 2 petits, les
stylets ou styliformes.

Lecture. — Capture d'un éléphant sauvage. Chasse au tigre.
Capture au lazzo d'un cheval, dans les Pampas américaines.

XXIᵉ LEÇON

ONGULÉS BISULQUES

Porcins et Ruminants

Leur pied est fourchu parce que le nombre des doigts est pair.
Au milieu du cou-de-pied (tarse), devant le calcanéum du talon,
est un os de forme curieuse, en double poulie, *l'astragale* : c'est le
jouet que les écoliers nomment « osselet ».

IXᵉ ORDRE: PORCINS

Animaux lourds, trapus, aux longues *soies* dures, parfois clair-
semées. Comme le tapir ils aiment les marais : un long museau,
boutoir ou groin, leur permet de fouiller la terre, pour déterrer les
tubercules et déraciner les plantes. Leur dentition complète comporte les trois sortes de dents ; de 40 à 44 ; elle révèle des omnivores, chassant les petites proies. Les canines s'allongent en *défenses*, surtout les 2 inférieures qui s'aiguisent en frottant contre
les 2 supérieures sortes de « grès à aiguiser ». Ces bisulques ont
4 doigts, tous égaux chez *l'hippopotame*, monstre africain dont le
nom signifie « cheval de fleuve » parce que son hennissement rappelle celui du cheval. Presque toujours dans l'eau des grands

fleuves et des lacs, il plonge longtemps, afin de calmer la chaleur que détermine son énorme couche de lard. Très nuisible, il dévaste les plantations de maïs, de riz, de canne-à-sucre. Sa chair est mangeable, et l'ivoire de ses dents sert pour « dentiers ».

Chez les **porcins** proprement dits, **2** grands doigts touchent le sol, et 2 petits, en arrière, empêchent en s'arcboutant l'animal de glisser dans la vase $(\mathbf{2} + 2)$; ces 2 petits doigts postérieurs rappellent ceux de l'Hipparion fossile. Le *Porc* dérive du sanglier; c'est un vorace qui profite bien, un épurateur qui rapporte, base de toute charcuterie: chair, lard, graisse (saindoux), sang (boudin). Les porcs qui vivent en demi-liberté (Hongrie Amérique) dévorent des petites proies qui leur communiquent les germes de vers intestinaux et de trichines : on doit surveiller tout particulièrement cette charcuterie, la cuire, la saler, la fumer, l'examiner au microscope. Amateur de truffes, le porc les déterre à notre profit. Aux Baléares, on l'attelle à la charrue. Le *Sanglier* est nuisible; il ravage surtout les champs de pommes de terre; c'est un beau gibier, assez agréable à manger, surtout la hure. Le *Pécari* d'Amérique est une sorte de petit sanglier, haut sur pattes, à mâchoire *blanchâtre* ayant les doigts du tapir : 4 — 3. Très exact le surnom de *Cochon-cerf* appliqué au *babiroussa* de l'Inde et des Moluques : l'animal est élancé comme le cerf; ses 2 défenses se redressent. Très bizarre le *phacochère* africain, trapu, avec des loupes sur les joues, et 4 longues défenses recourbées pour attirer les branches.

Xᵉ ORDRE RUMINANTS

I. — RUMINATION. — Ruminer, c'est remâcher, remanger.

Avalés très rapidement la première fois, les aliments vont simplement s'emmagasiner dans l'estomac. Ensuite ils remontent dans la gueule ; ils y sont longuement triturés, et ils redescendent pour être définitivement digérés. Cette complication provient du caractère craintif des ruminants et de la difficulté qu'éprouvent les véritables herbivores à transformer en sang des feuilles, des herbes. La dentition des plus connus est fort incomplète : pas de canines, pas d'incisives en haut, mais 8 petites en bas ⁸⁄₀; en revanche, 24 robustes molaires, ²⁴⁄₀, total 32 $= \frac{0}{4} i, \frac{0}{0} c, \frac{6}{6} m$. L'estomac est quadruple, subdivisé en 4 poches : *panse* et bonnet, feuillet et *caillette*.

Toujours aux aguets, redoutant l'attaque des carnassiers, le ruminant avale à la hâte les aliments coupés par ses incisives ou

arrachés avec sa longue langue. Les bouchées épaisses descendent
le long de l'œsophage, forcent l'entrée d'une *boutonnière* et s'accu-
mulent dans le plus vaste compartiment, la **panse**, aidé d'un
petit annexe, le *bonnet*. Dès que son magasin est rempli, lesté de
ses provisions, l'animal gagne sa retraite et, désormais rassuré,
se met véritablement à manger : il rumine. Une simple contraction
du diaphragme fait remonter les bouchées dans la gueule ; elles
sont longuement insalivées et triturées, les molaires étant de véritables meules dont les replis s'engrènent par le mouvement latéral,
horizontal, de la mâchoire inférieure. Devenue molle, fluide, la
nourriture glisse dans l'œsophage, coule devant la boutonnière
sans y pénétrer, et suit les bords d'une *gouttière* qui la conduit
dans le *feuillet*, d'où elle passe dans la **caillette**. Cette 4ᵉ poche
est le véritable estomac chimique, car ses parois logent les glandes
stomachales qui secrètent le suc gastrique. Tant que le jeune rumi-

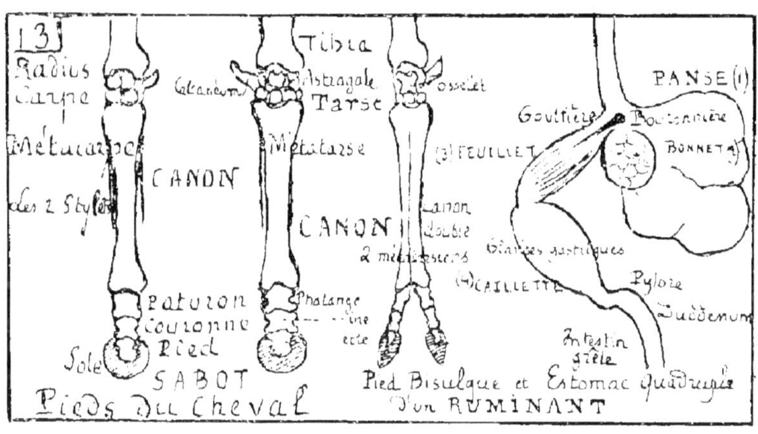

nant est allaité, il ne possède que la caillette (les autres poches
sont encore rudimentaires) et c'est là que commence la digestion du
lait, préalablement caillé, coagulé. Pour faire cailler rapidement
une énorme quantité de lait, le fabricant de fromages utilise la
caillette de l'agneau ou du veau, macérée dans de l'eau vinaigrée
(Présure). C'est surtout dans les longs replis de l'intestin grêle,
qu'est digérée la nourriture végétale : ils ont 28 mètres chez le mouton, 50 chez le bœuf. Les ruminants sont bisulques ; leur pied
fourchu est composé de 2 doigts : le sabot est double, fendu, avec
une sorte de semelle chez le chameau. Le canon résulte de la soudure de 2 os. Presque tous ces êtres ont une course rapide, qui les
dérobe à la poursuite des carnassiers.

	Tribus	*Genres* *Espèces.*
(1)		
Cornes creuses, persistantes : aux 2 sexes. Pas de canines.	**Bovidés**	*Bœuf :* Buffle, Bison. *Mouton :* Mouflon. *Chèvre :* Bouquetin. *Antilope :* Chamois, Gazelle.
(2)		
Cornes pleines, Caduques **« Bois »**	aux Mâles : **Cervidés** : Cerf, Daim, Chevreuil, Élan. aux 2 sexes : **Renne**.	

(3) Petites cornes velues aux 2 sexes : **Girafe** (Afrique).

(4) **Pas de Cornes** (mais des canines) : Dentition incomplète : **Chevrotains** : Porte-Musc. / Dentition complète : **Camélidés** : Chameau, Lama.

II. — Cornes. — Presque toutes ces bêtes pacifiques sont dépourvues de canines, mais armées de cornes redoutables. Aux Indes on fait lutter le buffle et le tigre enfermés dans une cage. Si le buffle comprend qu'il ne doit pas songer à fuir, il fond sur son adversaire, et souvent le transperce, vain jueur, dans un duel qui nous semble tout d'abord inégal. Il y a quelques années ce plaisir barbare fut offert en Espagne : un taureau éventra successivement un lion et un tigre.

Dans la majorité, les cornes **creuses**, persistantes, arment toujours le front des 2 sexes ; comparables au sabot, c'est un étui épidermique qui entoure un axe osseux. Au contraire les cornes du cerf ou « **bois** » sont **pleines** et **caduques**, elles tombent à la fin de l'hiver pour repousser avant l'automne plus longues et plus belles : d'abord munies de nouvelles branches, *andouillers*, ensuite avec l'*empaumure* ornée d'une nouvelle pointe, ce qui permet de préciser l'âge de l'animal (cerf dix-cors). Les biches sont privées de cette arme, sauf celle du renne. — Aux ruminants dépourvus de cornes la nature a donné, par compensation, de fortes canines : elles s'allongent en défenses supérieures chez le porte-musc, chevrotain qui produit le véritable musc dans une petite poche ventrale. Les Camélidés, dont la lèvre supérieure est fendue, ont des incisives aux 2 machoires, seuls ruminants dont la dentition soit complète.

III. — Utilités. — Aucun ordre n'est aussi utile que celui à qui nous devons tant d'animaux domestiques et des gibiers de luxe. La chair des ruminants est la base de notre alimentation : leur lait est une ressource précieuse dont nous tirons le beurre et le fromage ; beaucoup nous donnent une toison de laine fine : mérinos, acclimatés en Australie ; chèvres d'Angora et de Kaschmyr. On utilise comme bêtes de somme, le *bœuf*, le *buffle*, le *zébu* indien, le *yack* tartare, le *lama* américain. Quant au renne et au chameau on doit dire que le premier est la providence du Nord, tout comme le second est la meilleure ressource de l'Afrique septentrionale et du Sud-Ouest de l'Asie : tous deux très-sobres, le *renne* trouvant sous la neige les mousses et lichens qui lui suffisent ; le *chameau* emmagasinant de l'eau, pour plusieurs jours dans les cellules de 2 poches spéciales reliées à son estomac. L'espèce propre à la Perse a 2 bosses : l'autre une seule, réserve de graisse, provision de combustible vital qu'épuisent les fatigues. Au retour du voyage à travers le désert la bosse pend flasque, vide. On nomme *dromadaire* ou *méhari* le chameau dressé comme coursier, et non bête de somme : pendant plusieurs jours il parcourt 5o lieues portant son cavalier.

En fait de grands Ongulés l'Amérique n'a que l'*Elan*, le *Bison*, et l'*Ovibos* musqué à tête de bélier ; elle n'a pas l'éléphant, le rhinocéros, l'hippopotame, la girafe, le chameau. Elle utilise les services restreints du *Lama* et la fourrure frisée d'espèces sauvages : *vigogne, alpaca*. On chasse dans les Alpes et les Pyrénées le *bouquetin*, et le *chamois* ; en Corse et en Algérie, le *mouflon*, la *gazelle* (chasse au faucon). Aux Indes, le *Tchikara* est orné de 4 cornes. En Afrique vivent d'énormes antilopes : le *Canna*, le *Gnou* : comme elles préfèrent aux plantes sauvages nos végétaux cultivés, elles dévastent les plantations, et c'est ici qu'apparait le role modérateur de quelques carnassiers.

Nota. Voici venir le moment de commencer trois tableaux, d'importance très inégale, et que l'on tiendra au courant désormais, à chaque leçon : les 2 premiers à la fin du cahier de l'élève, le troisième sur feuille volante double. 1o Un tableau ou soient inscrites les appellations spéciales du cri des animaux : Exemple le lion rugit, le chat miaule, le loup hurle, l'ours grogne, le chien aboie et jappe, l'éléphant barit, le bœuf mugit, l'agneau bêle, le cerf brame, etc.. 2o Tableau des noms donnés à certains parents et à leurs petits : en voici le début :

Espèce	*Père.*	*Mère.*	**Petits**	
Lion.	Lion.	Lionne.	Lionceau.	
Loup.	Loup.	Louve.	Louveteau.	
Cheval.	Etalon.	Jument.	Poulain.	Pouliche.
Ane.	Id.	Anesse.	Anon.	
Bœuf.	Taureau.	Vache.	Veau.	Génisse.
Mouton.	Bélier.	Brebis.	Agneau.	
Chèvre.	Bouc.	Chèvre.	Chevreau.	
Cerf.	Cerf.	Biche.	Faon.	
Porc.	Verrat.	Truie.	Pourceau.	
Sanglier.	Sanglier.	Laie.	Marcassin.	

3º Tableau de la répartition géographique des Vertébrés. J'ai publié à la librairie Delagrave, des **Cadres** vides à remplir, et le Résumé qui sert de guide; on trouvera un tableau plus complet dans mon Tome 1er, page 124. Voici un exemple :

ORDRES	Europe.	Asie et Malaisie.	Afrique.	Amérique.	Océanie.
*	*	*	*	*	(Australie).
IX. Porcins.	Porc.	Babiroussa.	Phacochère.	Pécari.	* Porc papou.
	Sanglier.		Hippopotame		

XXIIᵉ LEÇON

IIIᵉ DIVISION : MAMMIFÈRES AQUATIQUES (*3 ordres*) ET INFÉRIEURS (*3 ordres*).

(I) MAMMIFÈRES AQUATIQUES

Ils vivent dans la mer et et les grands fleuves. Leur corps, allongé en fuseau pour fendre l'onde, est allégé par une couche épaisse de lard qui les protège contre le froid. Les pattes sont courtes et palmées : ou, même, converties en nageoires. On fait une chasse acharnée à ces êtres, surtout au Nord, afin d'utiliser leur chair, leur graisse que l'on fond en huile, leur peau, quelques fourrures, et l'ivoire de plusieurs. Les peuples civilisés ont réglementé ces grandes pêches pour éviter l'anéantissement d'une ressource qui devenait de plus en plus rare. Trois ordres : le 1er très supérieur.

XIᵉ ORDRE : PHOQUES

Carnassiers marins ; intelligents, à cerveau développé, à dentition de carnivore, dont les fortes canines se recourbent en défenses chez le *morse*. Le 4 membres sont courts et bien palmés, surtout ceux de derrière : l'animal nage et plonge à merveille, mais il se traîne difficilement sur le rivage et sur les glaçons : *amphibies* 1º **Les Phoques proprement dits** sont privés de conques ou oreilles externes. On recherche la peau marbrée du *Veau marin*.

La Méditérranée possède le *Moine*, à ventre blanc. Sur les côtes de Californie, on poursuit l'*Éléphant marin* (10m,) qui dresse une petite trompe de tapir. 2º Les **Otaries** ou phoques à oreilles ont des conques. Leurs membres sont assez longs pour leur permettre d'accomplir, en bondissant, des promenades à terre. Le *Lion marin* (4^m) du Pacifique est orné d'une crinière et rugit. C'est surtout au Kamschatka que l'on chasse l'Ours marin à cause de la beauté de sa fourrure. 3° Les **Morses**, ou vaches marines vivent aussi dans les régions polaires : leurs 2 canines supérieures se recourbent en défenses qui atteignent 70 cm.. Ils vivent en sociétés sous la conduite d'un chef. On admire leur amour maternel et le courage avec lequel ils s'élancent au secours d'un camarade blessé : aussi leur chasse est-elle fort dangereuse.

XIIe ORDRE : SIRÉNIDES

Cet ordre ne renferme que trois humbles bêtes herbivores, un peu difformes : munies de deux nageoires, aux ongles courts, qui représentent les membres antérieurs. Ainsi pas de membres postérieurs et bassin rudimentaire. Et cependant les Sirénides aiment à se traîner sur le rivage pour brouter l'herbe. Ils vivent surtout de plantes marines. Leur régime, leur estomac compliqué, leur dentition très incomplète, les rapprochent des ruminants. Le *Lamantin* (5^m), vit en troupes à l'embouchure des grands fleuves du centre de l'Amérique ; sa chair est assez agréable ; il est question de parquer ces animaux, de les élever dans de grands bassins au bord de la mer. Le *Dugong* (3^m), de l'Océan Indien, est surnommé « Sirène », parce qu'il pousse un cri monotone, ne rappelant guère le chant mélodieux des sirènes de la Fable, d'où le nom donné à l'ordre. Il a deux incisives supérieures allongées en défenses. Le *Rythine* de la mer de Behring, devient de plus en plus rare : la grande espèce a disparu au commencement de ce siècle.

XIIIe ORDRE : CÉTACÉS

Ils ont pour type la baleine (*cethos*). Toujours dans l'onde, ils nagent avec deux nageoires, aux nombreuses phalanges, dépourvues d'ongles. Pour que l'eau ne pénètre pas dans les poumons, le larynx se soulève en cône dans les fosses nasales, terminées, au sommet de la tête, par deux narines ou Events. Des provisions d'air leur permettent de plonger près d'une heure. Le souffle que les **évents** rejettent est une haute gerbe de vapeur condensée avec quelques gouttelettes d'eau. Comme les deux évents de la *baleine* sont écartés, tandis que ceux du *cachalot* sont très rapprochés, on reconnaît de fort loin ces deux monstres marins, celui-ci ne lançant qu'un seul jet, et celui-là deux. Le pêcheur se prépare en conséquence, car les deux pêches ne sont pas identiques : celle de la baleine est moins périlleuse que celle du cachalot, armé de dents redoutables.

La **baleine**, privée de dents, possède un millier de *fanons*, arcs élastiques (6ᵐ), frangés de soies qui pendent de la voûte du palais. Quand elle ouvre son immense gueule, elle la remplit d'eau et de menues proies, poissons, mollusques, crustacés : puis elle rejette cette eau qui filtre à travers les soies des *fanons*, tandis que les petites victimes demeurent emprisonnées dans ce vaste tamis. Les grosses proies ne peuvent pénétrer dans sa gorge étroite : l'œsophage n'a que quelques centimètres. Parfois l'Océan est rougi sur une étendue de plusieurs lieues par une multitude de petits mollusques : (clios, hyales) et de crustacés ; c'est ce que les pêcheurs nomment la « Boëte » ; c'est là qu'ils surprendront la baleine, interrompant, par une mort cruelle, son succulent repas. La grande espèce, dite *franche*, dépasse 30 mètres et pèse 150,000 kilogrammes : la valeur de cette capture est d'environ 6,000 francs. On fond la graisse en huile, et l'on utilise l'élasticité des fanons : baleines pour parapluies. Le bénéfice annuel d'un bâtiment dépasse un demi-million (Lire les **Grandes Pêches**. Noble chasse avec le harpon et la lance : extermination lugubre avec la balle explosible et les poisons. La baleine *australe* est noire. Sur nos côtes de Provence échouent quelques *Rorquals*, au ventre plissé.

Le **Cachalot** (25ᵐ.) possède une énorme tête qui représente le tiers de l'animal : elle est armée de dents terribles, et allégée par une huile qui se fige hors du corps en une cire de luxe, nommée à tort « blanc de baleine » Les cachalots vivent en troupes sous la conduite d'un chef ; leur pêche est très dangereuse ; l'animal blessé coupe une barque d'un seul coup. Les bandes carnassières des *Dauphins* et des *Marsouins* aiment remonter le cours des grands fleuves : ces êtres ont une centaine de dents pointues. Leurs ennemis les plus acharnés sont les *Orques* (10ᵐ) et le *Narval* (7ᵐ) ; celui-ci n'est armé que d'une seule dent, mais elle a 4ᵐ, épée d'ivoire qui perce souvent la baleine et, parfois, la barque des pêcheurs.

Ne confondez pas ces êtres avec les poissons. Que de différences entre une baleine et un requin ! La première allaite son petit avec tendresse ; elle respire comme nous l'atmosphère avec des poumons ; son sang est aussi chaud que le nôtre, 38° ; son cœur a 4 cavités, sa queue se termine par une nageoire *horizontale*. Le requin abandonne ses œufs, son intelligence est inférieure, il respire avec des branchies l'air dissous dans l'eau ; son sang est relativement froid 20 à 25°, son cœur ne représente que la moitié droite du cœur des mammifères, sa queue dresse verticalement 2 lobes fort inégaux.

(2) MAMMIFÈRES INFÉRIEURS *(3 ordres)*

Animaux peu intelligents, au cerveau lisse, offrant certains caractères d'infériorité : très peu habitent l'ancien continent.

Ils vivent en Amérique et en Australie.

XIVᵉ ORDRE : ÉDENTÉS

Les uns sont privés des dents de devant; ils n'ont ni incisives, ni canines. Les autres sont complètement édentés, dépourvus de molaires. Ils vivent de fruits et d'insectes. Presque tous sont très faibles, très lents. Pour les protéger, la nature leur a donné des griffes longues et tranchantes (avec lesquelles ils peuvent fouiller la terre, déraciner les plantes) et elle a revêtu quelques-uns d'une épaisse cuirasse d'écailles. Presque tous en Amérique.

Parmi ceux qui sont incomplètement édentés : le **Paresseux** rappelle certains makis qui grimpent péniblement ; l'*Unau* a 2 doigts, l'*Aï* en a 3 : ne pas le confondre avec l'Aye-Aye. Le **Tatou** cuirassé, se roule en boule comme le hérisson ; il possède une centaine de molaires arrondies : voilà qui est suffisant pour un « édenté ». Au Cap, sociétés d'*Orcytéropes*, ayant le groin du porc et les oreilles du lièvre.

Ceux qui sont complètement édentés dardent une longue langue gluante, pour attraper les insectes : tels sont les **Fourmiliers**, au museau de tapir ; le *Tamanoir* (1ᵐ 3o) est friand de termites, curieux insectes surnommés « fourmis blanches. Les **Pangolins** ont une cuirasse d'écailles, aux bords tranchants (Afrique, Inde). — La Géologie vous montrera un grand nombre d'édentés géants en Amérique : le Mégathère, le Mylodon ; quelques-uns cuirassés, le Glyptodon, le Schistopleuron.

XVᵉ ORDRE : MARSUPIAUX « A BOURSE »
ou SOUS-CLASSE des DIDELPHES

Ils naissent trop tôt, trop faibles. La mère les place dans une poche où débouchent ses mamelles : « la bourse marsupiale », soutenue par les 2 os marsupiaux. Les petits sont allaités et cou-

vés dans cet abri qu'ils ne peuvent quitter pendant plusieurs mois;
8, pour le grand *kanguroo.* Le nom de **Didelphes** signifie qu'ils
naissent deux fois. Devenus grands, ils se réfugieront au moindre
danger dans le sein maternel. (Relire la jolie fable de Florian.)
Sauf les *Sarigues,* petits carnassiers d'Amérique, tous les marsupiaux vivent en Austalie ; or, ils sont très nombreux, très différents
les uns des autres, subdivisés en groupes supérieurs à des tribus
et comparables aux premiers Ordres (*monodelphes*), que nous
venons d'étudier. Ainsi les **phalangers** ressemblent aux makis
et, parmi eux, le *Pétauriste volant* possède un parachute comme le
galéopithèque ; chez plusieurs, la queue est prenante comme celle
du sapajou. D'autres sont carnivores ; le *Thylacyne.* comparable à
un loup zébré; le *Dasyure,* analogue au putois. Les plus nombreux
sont des insectivores : les *Myrmécobies*; le *Tarsipède,* semblable à
la musaraigne. On connaît des rongeurs : le *wombat* a les allures
lourdes de la marmotte. Le mieux connu est un herbivore, dont
la chair est agréable, et la chasse fort amusante : le *Kanguroo* ;
telle espèce atteint la taille de l'homme ; telle autre, celle d'un rat.
C'est le type de l'être qui bondit, en s'appuyant sur sa robuste
queue. Sur les 3 doigts, celui du milieu est très vigoureux. Atta-
qué par les chiens du chasseur, l'animal se défend courageuse-
ment.

XVIe ORDRE : MONOTREMES OU Ornithodelphes

Oiseau   Naissance d'.

Ce sont 2 humbles mammifères d'Australie qui possèdent quelques caractères inférieurs de l'oiseau. Et d'abord l'œuf : ils pondent des œufs. Ils ont un bec corné. Le mâle possède l'ergot du
coq. L'épaule est renforcée par un 3e os, le coracoïde. Leur nom
de **Monotrèmes** signifie qu'ils ont le cloaque de l'oiseau, c'est-à-dire
un seul orifice pour 3 fonctions : la ponte, l'urination, les déjections. 1° L'*Ornithorhynque* (**Ornithos,** oiseau ; **Rhynque,** bec, est
muni d'un large bec de canard, aux dents cornées, pour trouver
dans la vase les petites proies et les graines; ses pieds palmés révèlent sa vie aquatique ; sa fourrure rousse est assez belle. On le
surnomme « taupe de rivière ». 2° L'*Echidné* a le corps hérissé de
dards, et un très long bec dépourvu de dents. Ses ongles fouisseurs
lui permettent de trouver dans le sable les insectes et autres petites
victimes. Il a plusieurs poches marsupiales, médiocrement confor-
mées et inutiles.

Ainsi la **faune australienne** est caractérisée par l'absence des

mammifères supérieurs et la prédominence des inférieurs, marsupiaux et monotrèmes, aux formes bizarres, lourdes, inélégantes.

XXIIIᵉ LEÇON

2ᵉ CLASSE DES VERTÉBRÉS : LES OISEAUX

I. — Les Oiseaux sont des vertébrés supérieurs, bien doués
couverts de plumes, organisés pour voler avec *deux ailes* qui
représentent les membres antérieurs. La forme générale est celle
d'une carène de vaisseau, d'un « *na-
vire aérien* » des-
tiné à fendre l'air.
Les côtes sont im-
mobiles et robus-
tes ; le sternum se
prolonge par une
véritable proue, le
bréchet. L'épaule
est très forte : en
arrière l'omoplate ;
en avant la clavi-
cule qui s'unit à
l'autre en « *four-
chette* » et au-des-
sous, le *coracoïde*
fortement soudé au

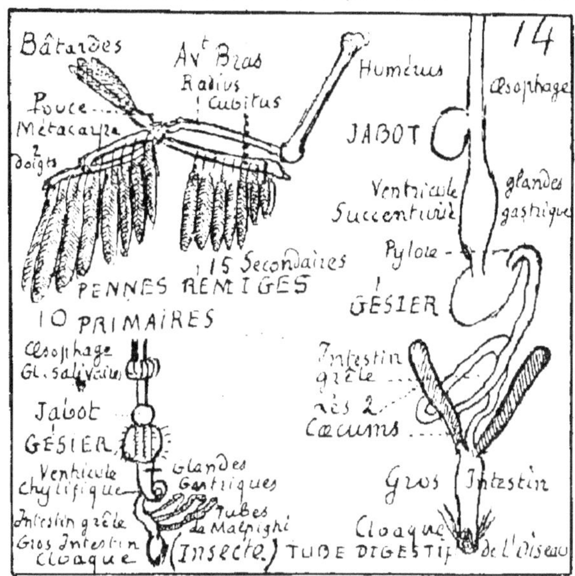

sternum. L'*Aile* est formée d'un bras (humérus) d'un avant-bras (cubitus et radius), d'un carpe petit et d'une sorte de « *main* » modifiée :
un métacarpe double (de 3 os soudés) porte 3 doigts, le grand, le
petit, et le crochet ou pouce. On nomme **pennes** rémiges rames les
25 grandes plumes du vol : 15 secondaires à l'avant-bras et 10
primaires à la main ; quelques bâtardes au pouce et des scapulaires
au bras. La queue sert de gouvernail et de balancier ; elle comprend
12 **pennes** rectrices. L'oiseau vole en frappant avec ses ailes étalées
l'air qui réagit et le repousse, à peu près comme le poisson nage
en fouettant l'eau qui réagit. C'est d'abord une propulsion active,
puis un glissement passif en cerf-volant, qui se prolonge beaucoup
chez les bons voiliers à large envergure : frégate (4ᵐ. Les

rares oiseaux qui ne volent pas, n'ont pas de bréchet : autruche. L'aile devient nageoire chez le pingouin, le manchot ; seul l'aptéryx est dépourvu d'ailes : A privatif, absence de ptère : aile. La jambe n'offre rien de spécial : une cuisse (fémur une jambe tibia et péroné) un tarse rudimentaire ; un long métatarse ou canon que le vulgaire prend pour la jambe, surtout quand il est dénudé : puis 4 doigts. L'interne, qui correspond au pouce, se dirige en arrière ; il a 2 phalanges ; les autres qui se dirigent en avant, en ont 3, 4, 5. Chez les grimpeurs, le doigt ext. se dirige, lui aussi, en arrière : perroquet, hibou. Bref soit 3-1 soit 2—2.

La majorité des oiseaux est intelligente, bien que le cerveau soit lisse, avec 2 gros lobes optiques. La sensibilité du corps est extrême, surtout chez les Pigeons voyageurs. Lorsque le bec est un peu mou, il est sensible. La vue est le sens dominant : un faucon qui plane se laisse tomber comme une balle sur sa petite proie aperçue dans l'herbe. L'œil est nettoyé fréquemment par une 3e paupière dite *clignotante* : il est accommodé brusquement aux distances et d'un seul côté par une dépendance de la choroïde, le *peigne*. L'ouïe est parfaite, bien que le tympan affleure sous la peau ; beaucoup d'oiseaux sont excellents musiciens (concours de serins en Hollande). Ils ont 2 larynx aux 2 bouts de la trachée-artère, et c'est l'inférieur qui est le mieux organisé : certains volatiles crient après qu'on leur a coupé la tête. Quand la langue est charnue, l'oiseau peut imiter la parole humaine : perroquet, sansonnet. Ce sont précisément ceux chez lesquels le goût est le mieux développé. En général la langue étant sèche n'apprécie guère les saveurs. Le sens de l'odorat est médiocre.

II. — Organes de nutrition. — 1° **Digestion**. La forme du bec et des pattes révèle le régime, soit granivore (pigeon), insec‑tivore (rossignol), carnassier (faucon), omnivore (corbeau. L'oiseau mange vite et souvent, son bec est dépourvu de dents. L'estomac est triple : 1° un *jabot* qui rappelle la panse ; 2° un *ventricule succenturié*, ou estomac chimique, à suc gastrique, qui rappelle la caillette ; 3° un *gésier*, médiocre chez les carnivores, énorme et broyeur chez les granivores, qui facilitent son rôle masticateur en avalant des grains de sable. A la jonction de l'in‑testin grêle avec le gros intestin, 2 *cœcums chylifiques* contribuent à la digestion en venant en aide au premier. *Cloaque* commun à trois fonctions : ponte, urination, déjections.

2° **Respiration**. L'oiseau respire énormément, le double des mammifères. Ses poumons communiquent avec de grands sacs, réservoirs d'air : 9 à 11. En outre, l'air circule dans les os longs, creux, dépourvus de moëlle. Il en résulte que le corps plus léger, vole plus aisément, et que l'oiseau peut s'élever dans les régions raréfiées qui sont mortelles aux autres êtres : le condor, qui plane sur les Andes, dépasse 10.000 m. : l'homme meurt à 8.600 m. Cette grande consommation d'oxygène et toute l'activité vitale extraordinaire des oiseaux expliquent leur chaleur élevée, de 42° à 45°, **température** qui doit demeurer **constante**. Le corps est couvert d'un chaud duvet, édredon qui s'épaissit à l'automne, au-dessous du beau plumage, plus brillant chez les mâles. Même circulation que chez nous : sang à globules ovales et non circulaires.

III. — Ponte. — Les oiseaux pondent des œufs d'autant plus nombreux que l'espèce est plus faible : tandis que l'aigle soigne 2 petits dans son aire, la perdrix en abrite 16 dans le sillon où elle niche. La majorité prépare soigneusement un **nid** qui est souvent une merveille, capitonné de duvet végétal ou de celui de l'oiseau (édredon de l'eider). Admirez et respectez les bijoux tressés par nos chanteurs ailés : fauvette, rossignol, rouge-gorge, chardonneret, Une mention spéciale à quelques nids : la Mésange penduline confectionne un logis de feutre, muni d'une étroite ouverture ; le Tailleur taille dans une feuille le coquet abri qu'il enroule et coud solidement ; le Cassipe brode une bourse noire en crin végétal ; le Tisserin, habile vannier, tresse 2 petites huttes ; la mère se tiendra dans l'une, immobile sur ses œufs ; le mâle se perchera sous l'autre et charmera sa compagne par ses mélodies. C'est l'époque où le chant redouble de suavité. On mange le nid d'algues confectionné par la Salangane, hirondelle d'Asie. Plusieurs oiseaux s'associent pour protéger en commun leur petite famille : les Républicains s'abritent sous un large parasol (Afr.), beaucoup d'espèces du Nord forment dans les iles désertes de très curieuses sociétés : eider, cormoran, pingouin.

Œuf. : Sa région essentielle est le futur oiseau, le *germe* ou *embryon* : une simple petite tache, comme un coup d'ongle, la Cicatricule, à peine visible sur l'ensemble du *vitellus* et du *jaune*. Cette masse jaune, huileuse, légère, est entourée par le *blanc* ou *albumen*, formé en couches concentriques (au sein d'un long canal) et elle y est maintenue par 2 cordons ou *chalazes* qu'a déterminés la torsion Les 2 feuillets de la *membrane externe* se séparent au gros bout pour délimiter la *chambre à air*. Le tout est protégé par une *coquille*, calcaire et poreuse, que l'air traverse. Le futur oiseau, le **germe**, se développe en absorbant toutes ces provisions : vitellus, blanc, jaune, air et même un peu de la coquille. Mais la chaleur est indispensable, c'est pourquoi l'œuf est couvé.

Ainsi le poulet exige pendant 21 jours une température de 40 à 42 degrés. Quelques pères partagent ce soin avec la mère : autruche. Quand la petite famille est éclose, commence son éducation. Elle est facile si les oiselets sont *précoces*, c'est-à-dire capables de manger seuls au sortir de l'œuf : poussins, canetons. Elle est difficile, mais embellie de mille soins, quand les petits naissent très faibles et ont besoin de recevoir la becquée maternelle : hirondelle, serin. Les 2 pigeonneaux sont nourris par leurs 2 parents. Dans les pays chauds, on réussit des *incubations artificielles* au sein de sable chaud ou d'un four, surtout pour les oiseaux précoces de la basse-cour : l'autruche en Algérie. Le Talégalle d'Australie place ses œufs sous un monticule de feuilles dont la fermentation détermine l'éclosion.

IV. — UTILITÉS. — Les oiseaux nous rendent de très grands services.

1° En qualité **d'insectivores**. On doit respecter les oiseaux au printemps, sinon pas de récoltes, ni pain, ni vin, ni fleurs, ni fruits. Une réglementation internationale précise les êtres qu'il faut respecter, presque tous. Les petits oiseaux devorent insectes et escargots, les grands dévorent mulots et serpents. On condamne à une forte amende celui qui tue une cigogne en Alsace.

2°. Beaucoup d'oiseaux sont la richesse de la **basse-cour** où ils nous donnent leurs œufs, leurs plumes, leur chair : poule, canard, oie, dindon, pigeon. Beaucoup constituent un **gibier** succulent : faisan, perdrix, sarcelle. En Algérie et au Cap on élève l'autruche. Nous chassons en automne les petits granivores gonflés et parfumés de nos meilleurs fruits : grive, vanneau, ortolan.

Plusieurs espèces accomplissent de grands voyages réguliers des *migrations* périodiques, pour trouver nourriture et chaleur. Avant leur départ elles font des provisions de graisse et, par suite, de force, d'énergie (caille). Sous ce rapport notre France est privilégiée, car elle accueille au printemps les joyeux chanteurs et les utiles insectivores qui lui reviennent du Midi : et elle reçoit en automne, des gibiers estimés qui descendent du Nord chassés par la famine et le froid : bécasse, canard sauvage, outarde.

Pour enrichir la basse-cour et la volière, on a réussi certaines

Acclimatations et l'on en essaye d'autres. Nous ne possédons que depuis 2 siècles le dindon, originaire d'Amérique, et la pintade née au nord de l'Afrique. On vient d'acclimater le colin, le goura. On s'occupe, surtout en Hollande, des hocco, marail, lophophore, etc., oie bernache, cérésope, canards carolin et mandarin.

3° **Utilités spéciales**. — Le *Pigeon messager* possède le sens de l'orientation : entre autres motifs, l'extrême sensibilité de ce petit être. Transporté à des centaines de lieues il retourne à son nid avec une rapidité extrême, faisant plus de vingt lieues par heure. C'est un télégraphe vivant que l'administration de l'armée utilise (colombiers militaires) : ce doux symbole de paix serait précieux en temps de guerre : il l'a été. Dans l'Afrique du Nord on dresse le *faucon* à chasser la gazelle ; au moyen âge on employait aussi l'*épervier* contre les menues proies. En Chine le *Cormoran* pêche au profit de son maître. Dans l'Amérique du Sud l'*Agami* remplace le chien de berger en surveillant les moutons, ou bien il fait régner la paix au sein de la basse-cour. Le *Serpentaire* du Cap et le *kamichi* détruisent les serpents venimeux ; on cherche à les acclimater aux Antilles contre les terribles vipères jaunes. Très peu de restrictions à ces utilités de l'oiseau : les rapaces détruisent les petits oiseaux : ils s'attaquent à la basse-cour et aux garennes. L'aigle emporte l'agneau, le faon. Il faut protéger les viviers contre l'appétit du héron et du pélican. A l'époque des semailles, les granivores sont nuisibles. Sauf ces exceptions le corbeau, le geai, toute la classe des oiseaux est extrêmement utile.

XXIVe LEÇON

CLASSIFICATION DES OISEAUX

Elle est basée sur leur genre de vie et leur régime, révélés par la forme du bec et des doigts, par la longueur des ailes et des jambes. On divise cette classe en 6 ordres.

I. RAPACES : **Diurnes** (Aigle, Faucon). **Nocturnes** (Hibou, Chouette).
II. PASSEREAUX : Moineau (*Passer*), Grive, Rossignol, Colibri, Calao.
III. GRIMPEURS : Pic, Torcol, Toucan. **Perroquets** : Ara.
IV. GALLINACÉS : Coq (*Gallus*). Faisan, Dindon, Perdrix. **Pigeons**.
V. ÉCHASSIERS : Autruche, Casoar, Outarde, Héron, Cigogne.
VI. PALMIPÈDES : Canard, Cygne, Pélican, Frégate, Grèbe, Manchot.

Ier ORDRE. — RAPACES

On devine des carnassiers à leur bec crochu, dont l'extrémité est nommée dent, et en voyant la force de leurs serres qui étouffent et déchirent les proies. Les plus grands sont nuisibles en attaquant la basse-cour, la bergerie et en détruisant les petits oiseaux ; les petits rapaces, au contraire, sont utiles, en nous débarrassant de bêtes malfaisantes: souris, mulots, serpents. Le nid, ou aire est médiocre.

1° Les **diurnes** chassent pendant le jour ; leur tête est bien proportionnée, les yeux sont écartés, la forme du corps est élancée, tout l'être respire la hardiesse. Leur roi est l'Aigle. Puis viennent le balbusard, ou aigle-pêcheur, le faucon et l'épervier que l'on dresse, l'autour très haut sur pattes, le milan peu courageux.

Le Gypaète est aussi nuisible que l'aigle. Le Serpentaire du Cap. au contraire, détruit les serpents venimeux ; on l'acclimate à la Jamaïque : il est surnommé messager, ou secrétaire (une plume dressée à l'oreille. Moins noble que les précédents, le Vautour se contente de débris, comme la hyène ; toutefois le Condor des Andes, qui plane à 10.000 mètres, ose attaquer le cerf.

2° Les rapaces **nocturnes** chassent au crépuscule et au clair de lune, mais non pas dans la nuit noire. Leur tête est énorme ; ils ont 2 yeux énormes, très rapprochés, à large pupille, éblouie par le soleil. Un plumage terne, épais, soyeux, permet ce vol silencieux qui surprend leurs victimes. On les considère comme utiles parce-qu'ils dévorent souris, mulots, campagnols, vipères ; mais les grandes espèces attaquent la volaille, les lapins de garenne ; et tous ces rapaces sont friands de petits oiseaux. Aussi ces derniers les ont-ils en horreur : ils les houspillent en plein jour. Le chasseur en profite pour attirer les petits oiseaux en attachant une chouette à portée de son fusil: chasse à la pipée. Les plus grands. hiboux ou ducs, ont l'oreille ornée d'une aigrette qui manque aux chouettes. Le chat-huant niche dans le tronc des arbres, le grand-duc dans les rochers, la chevêche dans les ruines abandonnées. La Hulotte était consacrée à Minerve (Athènes) Une caractéristique de ces êtres, c'est la couleur de l'iris; jaune chez le petit duc, orangé chez le moyen, rouge chez le grand-duc. On les compare au chat pour plusieurs raisons: ils mangent des souris; la pupille est très dilatable; le hululement rappelle certains miaulements.

IIᵉ ORDRE : PASSEREAUX (*Moineau* : 𝔓𝔞𝔰𝔰𝔢𝔯).

Une multitude de petits oiseaux très différents les uns des autres.
Les uns sont des carnassiers : pie-grièche, lanier, gobe-mouches.
A leur bec dentelé,dont la mandibule supérieure est ornée d'échancrures **(dentirostres)** on reconnaît les utiles insectivores et,
parmi eux, les gracieux *becs-fins*, nos meilleurs chanteurs : rossignol, fauvette, mésange. Certains oiseaux ont un bec court et large
très fendu, pour happer les insectes au vol : hirondelle, engoule-
vent. Les **Conirostres** ont un bec robuste, conique, pour ouvrir
les graines : moineau, bouvreuil, pinson, gros-bec. La majorité de
ces oiseaux est omnivore, croquant les insectes au printemps (les
respecter tous en cette saison) mangeant fruits et graines à l'automne;
en général un bec long et solide : corbeau, merle, grive, sansonnet, pie, loriot. Lorsque le bec est très long et mince, l'oiseau est
plutôt insectivore : Huppe, Grimpereau et ces mignons diamants,le
Colibri au bec courbe,l'oiseau-mouche au bec droit,les souis-man-
gas de l'Inde, vivant parfois du nectar des fleurs. Un dernier
groupe comprend ceux dont le bec est à la fois grand et léger : le
Martin-pêcheur plonge à la poursuite des insectes aquatiques et
des poissons; 2 de ses doigts sont soudés. Le Calao de l'Inde et
d'Afrique est un gros oiseau bizarre qui possède un énorme bec
dentelé.

IIIᵉ ORDRE : GRIMPEURS

Pour mieux grimper ils ont 2 doigts dirigés en avant et 2 en arrière
2—2 ; ils s'aident de leur bec, gros et robuste, et ils se tiennent
appuyés, presque assis, sur une queue courte et forte. Le Pic perce
l'écorce des arbres, et sa longue langue englue les insectes. Le
Torcol fait de même. Le Coucou détruit les chenilles Tous trois
sont très utiles aux forêts. Le Toucan est énorme,dans le genre du
calao.

La curieuse famille des **Perroquets** est granivore : oiseaux
des pays chauds, très intelligents, adroits préhenseurs ; leur gros
bec casse les amandes les plus dures et aide l'animal à grimper.La
langue, charnue, apprécie bien les saveurs et permet d'imiter la
parole humaine. Amusant en captivité, le perroquet est charmant
à l'état sauvage. Les plus connus sont : le Jaco ardoisé, d'Afrique :
il vit près d'un siècle. Le Cacatoès à huppe, et le mignon Lori,
d'Océanie. La perruche, verte, ondulée, « inséparable », de l'Australie. Les splendides Aras et Amazones, d'Amérique.

IV° ORDRE : GALLINACÉS (*Coq* : Gallus)

Les gallinacés **proprement dits**, qui ont pour type le coq, volent lourdement, avec bruit, et nichent bas; leurs pattes robustes courent bien et grattent le sol pour y trouver des insectes et des graines. Les mâles sont magnifiques, ornés d'une crête, armés d'ergots. De 12 à 15 œufs dans un nid médiocre ; les petits, *précoces*, mangent seuls au sortir de l'œuf. Ces oiseaux sont la richesse des basses-cours et des faisanderies ; plusieurs constituent un gibier de luxe. 1° Le Coq (poule, poussins) ; chaque année, la France exporte, principalement en Angleterre, 600 millions d'œufs. Belles races de Houdan, Crèvecœur; poulets du Mans, de la Bresse. Nos ancêtres avaient 2 emblèmes ; l'alouette, symbole de vigilance et de gaité ; le coq, type de hardiesse (Gallus : Gaule, Gaulois. Sont originaires d'Asie : les Faisans, le Paon, l'Argus aux mille yeux, le Lophophore. L'Europe ne possède que depuis 2 siècles la Pintade venue du nord de l'Afrique, et le Dindon, originaire du Mexique (*coq d'Inde*, c'est-à-dire des Indes-Occidentales). On s'occupe d'acclimater 2 autres américains : Hocco et Marail. L'Australie possède le Mégapode et le Talégalle, dont les nids sont exceptionnels. Parmi les gibiers les plus estimés : « le coq de bruyère, la gélinotte, le lagopède blanc du Nord, la perdrix, la caille, le colin de Californie bien acclimaté ».

Un 2° sous-ordre, très différent, est celui des **Pigeons** : ils volent fort bien. Les 2 petits, très faibles, sont nourris plus d'un mois par les 2 parents qui leur préparent la becquée, et produisent une sorte d'humeur laiteuse comparable au lait. Grâce au sens de l'orientation, le pigeon messager retourne à son colombier en parcourant de 20 à 30 lieues à l'heure : d'Espagne à Paris, en 10 h. La Belgique possède les races les mieux douées. Le Biset, ardoisé, niche dans les roches. Le Ramier émigre vers les Pyrénées. Rien de gracieux comme la Colombe ou tourterelle. L'énorme Goura de Nouvelle-Guinée, violacé, succulent, est acclimaté définitivement dans nos volières.

V° ORDRE : ÉCHASSIERS

Une échasse que surmonte « un long bec emmanché d'un long cou ». Cette échasse est formée de 2 pièces : la *jambe*, en partie dénudée, et le « *tarse* », c'est-à-dire le canon, le métatarse. Un premier groupe, celui des **coureurs** ou **terrestres**, aux ailes courtes, ne vole pas, mais court bien. Pour mieux traverser les déserts sablonneux, le pied s'élargit en semelle, comme celui du chameau. L'Autruche (Af.) est domestiquée en Algérie et au Cap ; elle porte des fardeaux ; elle fournit des plumes de luxe, valant 3o fr. pièce. L'œuf pèse 2 kil., son incubation dure sept semaines ; le père aide la mère. On réussit bien l'incubation dans des fours. Le Nandou (Am.),dont la chair est moins agréable, fournit des plumes grises pour plumeaux. Le Casoar des Moluques et de Ceylan (à casque) n'est guère mangeable et ses plumes sont déprimées comme des crins. L'Emeu ou Dromée d'Australie rivalise en utilité avec l'autruche ; on cherche à l'acclimater en Angleterre. La Nouvelle-Zélande possède le seul oiseau dépourvu d'aile : l'Aptéryx (*A*, sans, *ptère*, aile), petit échassier, 8o cent., couvert de crins. Elle posséda, jadis, un oiseau géant, qui fut exterminé par les néozélandais : le Dinornis,ou Moa. Madagascar eut l'Epyornis, de 4^m.

Les autres Echassiers ont de grandes ailes; ils volent bien, ils se plaisent au bord de l'eau. Beaucoup vivent en sociétés et émigrent périodiquement. Oiseaux utiles dont nous recherchons les œufs, les plumes, la chair, ou qui nous délivrent d'êtres nuisibles et de débris malsains. Quelques-uns sont de bons *coureurs* : Outarde, Vanneau. Pluvier qui nous arrivent de Belgique avec les pluies d'automne ; Pluvian poursuivant les insectes jusque dans la gueule béante du crocodile. Parmi les plus connus : cigogne, héron, grue, marabout, échasse,Spatule au bec en cuiller, Flammant aux ailes de pourpre, de flamme. La Cigogne (*Pelargonia*) est une émigrante fêtée en Alsace ; elle détruit souris, rats, mulots, serpents. On la protège. Les liens de famille sont très étroits : c'est pourquoi la loi romaine qui oblige l'enfant devenu grand à nourrir ses vieux parents était nommée « Loi Pélargonia ».

Citons encore : la bécasse, le combattant aux couleurs splendides, l'ibis vénéré en Egypte, le rale, la poule d'eau, le foulque et 2 américains qui font régner l'ordre dans la basse-cour et même la bergerie : le Kamichi, armé de 4 poignards et l'Agami-trompette.

VIe ORDRE : PALMIPÈDES

Leurs doigts palmés, réunis par une membrane, indiquent de bons nageurs. La plupart marchent mal ; quelques-uns volent lourdement, le Manchot ne vole pas, mais il en est de privilégiés qui courent très vite, volent très bien et plongent à merveille : la mouette, le sterne ou hirondelle de mer, le goéland. Les uns ont un bec mou, lamelleux, pour fouiller dans la vase : canard, sarcelle, oie, cérésope. Le Cygne nous donne un duvet qui rivalise avec celui de l'eider : édredon Islande. Laponie). Chez d'autres la membrane s'étend jusqu'au doigt postérieur. Le Pélican est muni d'un curieux filet : on dit que, faute d'autre nourriture à distribuer à ses petits, l'animal se déchire les flancs pour offrir son sang ; il est l'emblème de la charité chrétienne chapelle de la Vierge à Saint-Sulpice). Les Chinois dressent le Cormoran à pêcher, et s'assurent de sa fidélité en cerclant son cou d'un anneau étroit. Les meilleurs voiliers sont la Frégate, grosse comme une poule avec 4ᵐ d'envergure, et le Pétrel qui se plaît à lutter contre l'ouragan, à braver les tempêtes.

Le groupe des **Plongeurs** a de courtes ailes ; les uns volent lourdement : le grèbe aux belles fourrures, le plongeon, le macareux, le guillemot. D'autres ne volent pas ; leur aile courte, comprimée, sert plutôt de nageoire : les pingouins forment, dans les glaces du Nord, de très curieuses sociétés. Le Manchot, du Sud, n'a qu'un rudiment d'aile : les 3 métatarsiens du canon ne sont pas soudés : la fourrure est superbe ; il ne mérite pas son nom de manchot aussi bien que l'aptéryx.

Lectures. — Fauconnerie au moyen âge. Chasse à la gazelle au Maroc. Chasse à la pipée avec la chouette. Récolte de l'édredon en Islande.

XXVᵉ LEÇON

CLASSE DES REPTILES

I. — Les Reptiles sont obligés de ramper (reptare), parce que leurs pattes sont courtes et écartées ; parfois elles manquent complètement (serpent). Les uns ont une cuirasse épaisse (tortue, crocodile ; les autres une peau écailleuse, renouvelée par des mues (lézard, serpent). Avec eux commence l'étude des vertébrés inférieurs, à **température variable** ; car l'activité vitale est médiocre et, surtout, la respiration. Si le sang est tiède en été, il est « **froid** » en hiver, n'ayant que 3 ou 4 degrés de plus que l'air ou l'eau, le milieu ambiant. Ils respirent l'atmosphère avec de médiocres poumons, subdivisés seulement au voisinage des bronches : le reste est une sorte de sac, de réservoir à air, qui leur permet de s'enfouir longtemps, ou de plonger longuement. Le cœur a 2 oreil-

ettes, mais un seul ventricule ; un **canal artériel** relie l'artère
pulmonaire au 1ᵉʳ tiers de l'aorte ; il en résulte que le sang vermeil reçoit une certaine quantité de sang bleu ; et ce mélange vio-
et distribué dans les trois quarts du corps n'est pas favorable à
l'activité vitale. C'est la raison qui fait dire que la *circulation est
incomplète*. D'autre part, elle est encore *double*, parce que la
Phase respiratoire se détache nettement, à part [petite boucle du 8]
de la circulation générale.

II. — La tête petite, le museau pointu, le cerveau lisse, indiquent
les êtres peu intelligents, aux instincts obtus. Très peu soignent
leurs petits. Les Lobes olfactifs et optiques sont gros ; la vue est
développée : l'ouïe et le goût sont médiocres. Presque tous sont
muets : à peine un sifflement. Fourchue ou non, la langue est inoffensive : elle sert à goûter, à toucher, à saisir les insectes ; mais
ne parlez jamais plus « du dard venimeux des serpents ».

Les reptiles sont des carnassiers, à gros estomac, à dents pointues, sans racine, simplement soudées. Les tortues n'ont qu'un bec
corné, mais il est denticulé et redoutable chez les plus voraces.
Ovipares, ils pondent avec certaines précautions dans les lieux les
plus favorables, laissant au soleil le soin de faire éclore leurs œufs.
Toutefois, le caïman soigne ses petits, le python couve ses œufs.
Chez plusieurs lézards et serpents venimeux, l'œuf éclot au moment où il est pondu, et précisément le mot Vipère est l'abrégé de
vovivipare.

III. — Les Reptiles ont besoin de chaleur. Petits et rares dans les
régions tempérées, ils sont nombreux et grands dans la zone tor-
ride. Engourdis par le froid de l'hiver (*hibernation*), assoupis par
les ardeurs de l'été (*estivation*), ils demeurent longtemps sans manger et presque sans respirer. Ceux que nous élevons dans les
ménageries ont besoin de couvertures et de calorifères. Les grands
reptiles tropicaux sont dangereux : crocodile, python 15ᵐ, boa 8ᵐ.
Le venin des serpents de cette zone brûlante peut tuer en quelques
minutes, tandis que la morsure des vipères d'Europe n'est presque
jamais mortelle.

Parmi les caractères **utiles** : 1° Tous les petits reptiles sont insectivores et, surtout, les tortue, lézard, orvet, couleuvre. 2° On
mange la chair des tortues (et leurs œufs) ; celle des crocodiliens,
de l'iguane, du boa, du python. 3° L'écaille de luxe, belle matière
élastique, translucide, facile à travailler dans l'eau tiède qui la ra-
mollit, est fournie par une tortue marine, le Caret qui possède

13 grandes plaques et 25 petites. 4° On utilise la peau des crocodiles, des serpents : mues de ceux-ci qui sortent comme d'un fourreau de leur vieille peau.

On divise cette classe en 4 ordres :

I. TORTUES ou CHÉLONIENS : Grecque. Trionyx. Caret. Franche (Chelonia).

SAURIENS { IIe Ordre : CROCODILIENS : Crocodile. Caïman ou Alligator. Gavial. / III. LÉZARDS : Varan. Gecko. Caméléon. Dragon. Iguane. Orvet.

IV. SERPENTS ou OPHIDIENS { 1° **Non Venimeux** : Couleuvre. Boa, 8ᵐ. Python, 15ᵐ. / 2° **Venimeux** : Vipère. Naïa. Crotale. Fer-de-Lance.

Iᵉʳ ORDRE TORTUES OU CHÉLONIENS

Les tortues sont protégées par une épaisse cuirasse, dont les plaques écailleuses représentent certains os du squelette modifiés, et des os supplémentaires; le dessus est nommé *carapace*, le dessous *plastron*. L'épaule ressemble au bassin. Un bec corné, parfois dentelé. 5 doigts en avant et 4 en arrière; ils sont assez distincts chez les *tortues terrestres*, symbole de lenteur et de prudence. Les grandes espèces vivent 2 siècles. La carapace bombée déborde le plastron; c'est une maison dans laquelle peuvent rentrer la tête, les pattes et la queue. La tortue commune vit d'insectes, d'escargots, de limaces; elle rend donc service dans les jardins, mais on la bannit du potager, parce qu'elle est friande de salades. Sa chair est comestible, la soupe à la tortue est appréciée, surtout en Angleterre. Espèces : grecque, étoilée, géométrique. etc. La petite Eléphantine d'Algérie a des pieds en moignons, la grande espèce de Madagascar atteint 300 kilogs. Les *tortues marécageuses* sont un peu palmées, leur chair, médiocre, sent la vase : Cistude Emyde. Les *tortues fluviatiles* sont très palmées, très agiles, très carnassières ; en général, le cou est fort long, et la cuirasse aplatie ne protège que le dos : la plus connue est la Trionyx féroce (Am.).

Les *tortues marines* ont des nageoires, leur chair est agréable, leurs œufs mous sont excellents. Elles sortent de l'eau en société et se traînent péniblement, loin du rivage, pour pondre leurs œufs dans le sable. C'est le moment où le pêcheur les guette; avec des leviers il retourne sur le dos le plus possible de ces pauvres bêtes désormais immobilisées. Dans l'eau, on les chasse avec le harpon et le suçet. Or il y en a qui pèsent de 500 à 800 kilogs, quelle ressource pour une peuplade indienne, ou pour un équipage longtemps privé de viande fraîche! La plus connue est la Tortue franche (Chelonia) à bec saillant d'épervier. C'est le Caret qui ournit l'écaille de luxe. La Méditerranée possède encore quelques caouannes aux écailles ra boteuses, et le Luth dont la carapace servait de luth aux Grecs. L'écaille de la tortue Cuir est molle, cartilagineuse.

Sous le nom de Sauriens on réunissait les 2 ordres suivants :

IIe ORDRE : CROCODILIENS

Ce sont les 3 grands sauriens. Leur dos est garni d'une cuirasse épaisse, à l'abri des balles; le ventre seul est vulnérable. D'un coup de queue, l'animal renverse son adversaire. Mais il ne peut guère tourner la tête, parce que son cou est immobilisé par le prolongement (en côtes) des vertèbres cervicales. Les nègres en profitent pour attaquer hardiment la bête et la poignarder. On mange les crocodiliens : en Indo-Chine, c'est une viande de boucherie. 1° Le *Crocodile* aime beaucoup l'eau, ses pattes postérieures sont palmées. Cosmopolite, comme le buffle, on le trouve un peu partout. La plus grande espèce habite le Nil, 10^m. Les Egyptiens vénéraient les animaux qui détruisent les œufs du crocodile : la Mangouste ou ichneumon, le Monitor ou sauvegarde. 2° Le *Caïman*, ou *alligator* (Am.) est terrestre ; ses pattes ne sont point palmées, il surveille ses œufs et soigne ses petits. Une espèce à long museau a les yeux cerclés d'écailles brunes ou lunettes. 3° Le *Gavial* du Gange et de l'Australie est tout à fait aquatique, il est muni d'un long museau de brochet, un peu faible pour attraper les poissons.

IIIe ORDRE : LÉZARDS

Les petits sauriens ont une peau écailleuse qui se renouvelle, au printemps, comme celle des serpents, par des mues régulières. Ce sont d'utiles insectivores. On en mange quelques-uns. On les a subdivisés d'après le mode de soudure de leurs dents sans racine et suivant que leur langue peut saillir, ou non, hors de la gueule, pour être dardée sur les petites proies. Les 3 espèces du genre Lézard sont le *lézard-gris* des murailles: 20^c ; le *vert, piqueté* de noir 30^c ; et, spécial au Midi, le *vert ocellé*, 65^c aux larges taches bleues sur les flancs, brunes sur le dos. Le Varan du désert atteint 2^m ainsi que le Monitor ou sauvegarde du Nil. Le Gecko méditerranéen a sous les doigts des ventouses qui lui permettent de marcher au plafond; il fait entendre le cri monotone de « *gecko* » L'Espagne possède le **caméléon**, animal qui grimpe lentement, mais sûrement, car ses doigts sont bien partagés 3—2 et sa queue est prenante. Quand un insecte passe à sa portée, il darde une langue très longue, et élargie en cuiller, plus rapide que l'éclair. Les yeux louches sont dissimulés sous la paupière. En aspirant profondément le caméléon double son volume. Il change de couleur, passant du vert au violet et au jaune, par ce que sa peau renferme 2 couches de pigment, l'une jaune superficielle, l'autre brune profonde, dont les corpuscules foncés se déplacent. Le *Dragon* de l'Inde possède un parachute qui lui permet de se laisser tomber du haut d'un arbre à la poursuite d'un insecte ; c'est le seul reptile ailé. Le *Basilic* (Am.) doit son nom de « petit roi » à la crète festonnée qui le couronne. C'est un excellent gibier que l'*Iguane*, au dos festonné ; on le dit sensible à la musique. Les pharmaciens employaient jadis 2 lézards, aux pattes minuscules : le scinque et le seps. Plusieurs lézards n'ont que les 2 pattes postérieures très minimes. Enfin l'**Orvet** n'a pas de membres, c'est un insectivore que l'on surnomme, à tort « serpent de verre » parcequ'il se tord et se brise dans la main qui l'a saisi. Il diffère des serpents en ce que sa mâchoire n'est pas dilatable : en outre, il possède un rudiment d'épaule et de bassin.

IVe ORDRE : SERPENTS OU OPHIDIENS

Ils sont privés de membres, d'épaule et de bassin, mais ils possèdent 250 à 350 côtes, ce qui leur permet d'être fort agiles : ils glissent, se tordent, bondissent, nagent à merveille. Leur mâchoire se dilate beaucoup, afin d'avaler la victime pétrie, ramollie, insalivée ; la digestion est pénible, l'animal demeure inerte plusieurs jours. Le boa s'y reprend à deux fois pour digérer une grosse proie. La langue fourchue sert à goûter, toucher et parfois saisir ; ne jamais l'appeler « dard venimeux ». On dit que certaines victimes sont fascinées par le regard fixe du serpent, ce reptile possédant une paupière transparente.

1° **Non venimeux**. — La Couleuvre est un joli insectivore, facile à apprivoiser. Robe brillante, où dominent le jaune et le vert ; longue queue, tête arrondie, étroite, avec 9 écailles plus larges ; pupilles rondes. Le Boa (Am.) a de belles couleurs ; il atteint 8^m Chez le Python, les deux membres postérieurs sont représentés par 2 moignons ; il couve ses œufs. La grande espèce, dite de Séba, au Sénégal, dépasse 15^m En Turquie, l'Eryx s'élance comme un « javelot ».

2° **Venimeux**. — La Vipère : sa tête est plate, triangulaire, avec
2 rangs de petites écailles brunes formant un V. Museau tronqué,
pupille verticale. Robe sombre, à écailles entuilées, sur laquelle
se dessinent, en zigzag, 4 rangs de taches irrégulières foncées ;
queue courte. Bref aspect sinistre. Plusieurs espèces de vipères :
aspic dans les forêts pierreuses ; *péliade* dans le Midi ; *ammodyte*
au museau redressé en corne, dans le Dauphiné. Le Céraste
africain est bien plus cornu. L'aspic de Cléopâtre, vert avec taches
jaunes. Le Naïa d'Asie, *à lunettes*, dont le cou se gonfle en *coiffe* ;
apprivoisé par les bateleurs indiens qui lui font exécuter des tours
d'adresse, après avoir enlevé les crochets venimeux.

L'Elaps-corail de Malaisie constitue un joli bracelet peu dangereux. Très redoutables les américains, Crotale, *à sonnette*, dont la
queue se termine par un grelot d'écailles : leur frémissement
avertit de l'imminence du danger. Au Nord, le Trigonocéphale ;

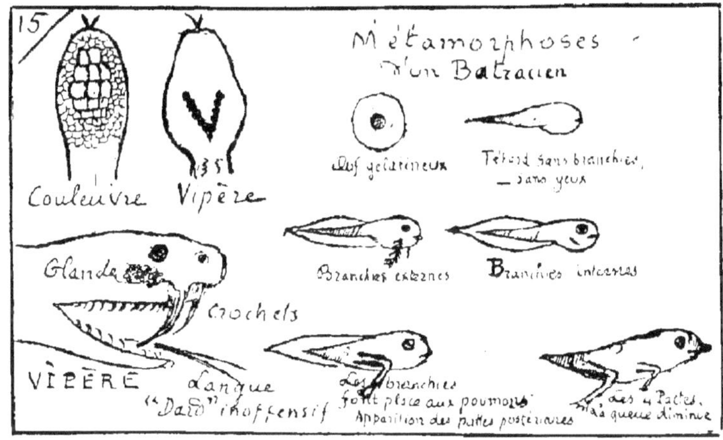

aux Antilles, le Bothrops, ou vipère jaune, dont la tête plate est
en triangle ou *fer de lance* ; c'est contre lui que l'on acclimate le
Serpentaire du Cap.

Le venin est produit, de chaque côté, par une glande semblable
à celles de la salive, il s'accumule dans un réservoir, d'où il coule
dans un canal qui se continue à l'intérieur du crochet venimeux.
Les 2 crochets se dressent quand l'animal veut s'en servir, soit
pour immoler sa proie, soit pour se défendre. Dans ce second cas,
le reptile ne se borne pas à mordre, il frappe et se retire brusquement, de sorte que les crochets brisés restent dans la plaie. Ils
sont bientôt remplacés par d'autres crochets dont les germes
étaient visibles. Chez un petit nombre, au lieu d'un canal central

les crochets ne portent qu'un sillon en gouttière. Ils sont immobiles chez le naïa, et logés au fond de la gueule chez les dipsas, scytale, cœlopeltis ou couleuvre dangereuse de Montpellier. Nos petites vipères d'Europe ne déterminent que la fièvre, tandis que les grandes espèces tropicales tuent en quelques minutes. Parfois une sorte de lèpre ronge la victime ; rien d'horrible comme la succion du Naïa-nendi d'Australie, sorte de turban sans tête, armé de ventouses. On lave la plaie avec soin ; on aspire le sang, au besoin avec les lèvres, à moins qu'elles n'aient quelques déchirures, car les venins ne produisent aucun effet dans l'estomac. On élargit la blessure et on la brûle, on la cautérise avec l'ammoniaque, le phénol, la pierre infernale, ou mieux le fer rouge. Les Indiens ont recours à certaines plantes (quelques animaux aussi) : le dorsténia, le guaco, la racine du nagai. Plusieurs êtres sont à l'abri des effets venimeux : le serpentaire, le kamichi, le hérisson, les Porcins.

Lectures : Pêche d'une tortue marine avec le suçet.

XXVIe LEÇON

IVe CLASSE : BATRACIENS

Humbles êtres à peau nue, qui subissent la plus profonde métamorphose, car ils naissent poissons et ils se transforment en reptiles. D'aquatiques il deviennent aériens. Les œufs gélatineux produisent de petits poissons sans yeux, sans pattes, nageant avec une longue queue : les *tétards*. Ils respirent l'*air dissous* dans l'eau d'abord par la peau, ensuite par des branchies externes, enfin avec des branchies internes. Ils sont herbivores, vivant de plantes aquatiques.

Quand la métamorphose commence, des poumons s'organisent pour respirer l'atmosphère, et lorsqu'ils peuvent fonctionner les branchies disparaissent, devenues inutiles. Ce sont les pattes postérieures qui poussent les premières ; en général elles demeureront plus longues et mieux palmées. Ainsi les batraciens supérieurs sont des *sauteurs*, chez lesquels la queue diminue et disparaît. Devenu adulte, le batracien est carnassier, insectivore utile ; pour ce changement si complet de régime l'intestin ne s'allonge pas. Des poches vocales produisent les coassements, et chez la grenouille-taureau

Am.) de formidables beuglements. La peau nue de ces êtres respire activement; elle est parfois couverte de glandes et verrues qui sécrètent une humeur repoussante, venimeuse, bon préservatif contre la dent des carnivores : le chien n'attaque pas le crapaud. Les Indiens concentrent cette humeur pour empoisonner leurs flèches.

II. — Parmi les *Sauteurs* : la Grenouille, utile, comestible. On la chasse des viviers parce qu'elle est friande des œufs de poissons. La Rainette, jolie, verte, agile, grimpe volontiers, car elle a sous les pattes des ventouses qui rappellent celles du gecko. On doit respecter le Crapaud qui nous délivre des insectes et des escargots; les jardiniers anglais nous en achètent. Aux Antilles on lui permet d'entrer dans les maisons, pour faire la chasse à de gros insctes malfaisants. Sa tête produit une humeur venimeuse qu'il lance adroitement, à distance, pour engourdir sa victime. Il n'a pas de dents, pas plus que le Pipa (Am.) dont les œufs éclosent sur le dos maternel, et c'est dans ce berceau que les têtards subissent leur métamorphose.

D'autres batraciens, non sauteurs, conservent la queue du têtard. La Salamandre terrestre brave le feu, quelques instants, par sa sueur abondante: la Fable disait d'elle qu'elle éteignait l'incendie. Le Triton, aquatique, a le dos crénelé; la grande espèce du Japon dépasse un mètre. L'Axolotl des lacs mexicains sert pour fritures; il tarde beaucoup à se métamorphoser. Deux êtres, exceptionnels, conservent leurs branchies, tout en acquérant des poumons ; ce sont donc de **véritables amphibies**, dans toute la force du terme, pouvant respirer aussi bien dans l'eau que dans l'air. Ils vivent dans des grottes sombres, au sein des flaques d'eau qui peuvent se dessécher, sans inconvénient pour l'animal : *Protée* d'Italie et *Sirène* américaine. — Les Cécilies, privées de membres, ressemblent à des serpents ou à des vers: Siphonops.

Ve CLASSE : POISSONS

I. — Couverts d'écailles profondément implantées, les Poissons vivent toujours dans l'eau, car ils ne peuvent *respirer qu'au sein de l'eau*. Leur cœur, analogue à la moitié droite du nôtre est dit « veineux » ou « droit ». Il lance le sang impur dans l'artère branchiale qui le distribue aux **branchies**. Ce sont des lamelles, flottantes ou fixées, en forme de peigne ou de panache, suspendues sur les côtés de la gorge à des arcs osseux. L'eau entre par la bouche, baigne les branchies, leur abandonne l'air qu'elle tient en dissolution, cède l'oxygène au sang qui redevient vermeil, et sort sur les côtés par des ouvertures latérales : les **ouïes**. Redevenu oxygéné, le sang est conduit par les veines branchiales dans l'artère aorte, sans repasser par le cœur. Cette circulation est dite *simple* et *complète* ; à l'inverse des reptiles, les 2 sortes de sang ne se mêlent pas, et la Phase respiratoire ne se détache pas à part de la circulation générale.

Chez les poissons **osseux**, au squelette dur, l'eau s'échappe par une seule paire d'ouïes, protégées pas des soupapes, ou *opercules* dont les battements sont bien visibles ; c'est que, de chaque côté, les 4 branchies flottent dans une seule cavité. Les poissons **cartilagineux**, au squelette mou, tels que la raie, le requin, possèdent 5 paires d'ouïes.parce que chaque coté porte 5 branchies, fixées dans 5 cavités distinctes : 7 chez la lamproie allongée en flûte. **L'air dissous** est plus riche en oxygène que l'atmosphère : 32 o/o au lieu de 21. Il faut le renouveler quand on élève des poissons ; le meilleur moyen consiste en un courant d'eau continu, formant un jet. Éviter l'eau désaérée par la chaleur; ne pas fermer le bocal des poissons rouges. En hiver, casser la glace des viviers çà et là. Les aquariums réussissent bien mieux depuis qu'on y place des végétaux, parce que les feuilles produisent de l'oxygène dans le jour.

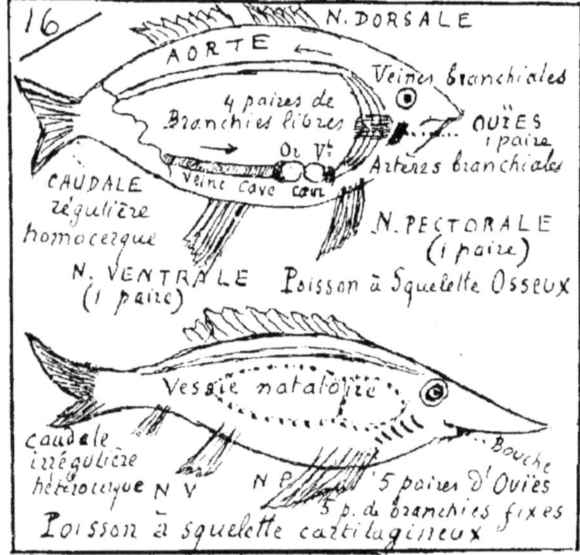

II. — La forme allongée en fuseau convient pour fendre l'onde. Pour nager, le poisson frappe, d'un double coup, en hélice, l'eau qui réagit et le repousse. Nos vaisseaux imitent cette forme de fuseau et cette propulsion en hélice. Les *Nageoires* facilitent l'équilibre et les changements de direction. Les nageoires paires représentent les membres : on y retrouve, très modifiés, les os des membres. Ainsi les 2 Pectorales tiennent lieu de bras, et les 2 Ventrales de jambes : à tel point que l'on nomme **Apode** (sans pied) l'anguille qui est privée de nageoires ventrales. Parmi les nageoires impaires, la Dorsale, qui est épineuse chez la perche, molle chez la carpe. La Caudale, bien symétrique chez les poissons Osseux, est divisée en 2 lobes fort inégaux chez les poissons Cartilagineux.

La **vessie natatoire** est un grand sac, souvent double, que le poisson gonfle d'air pour s'élever rapidement, et dégonfle pour redescendre. Elle peut rejeter cet air par la gorge, mais non pas en inspirer. Sauf chez trois êtres exceptionnels, **véritables amphibies**, où elle se modifie en poumon : tous trois vivent dans des marais, que l'ardeur de l'été dessèche, sans inconvénient pour eux. Lépidosirène du Brésil, Protoptère du Sénégal, Cératode d'Australie. Quelques poissons sortent de leur élément pendant plusieurs heures, parce que leurs ouies, contournées en labyrinthe, emprisonnent une provison d'eau ; l'anguille se plait dans les fossés ; l'Anabas indien grimpe sur les arbres à la poursuite des insectes. Les poissons **volants** peuvent voltiger, en bandes, grâce à la largeur de leurs nageoires pectorales : exocet, trigle. **Dactyloptère** (doigts ailés). L'espadon-voilier double sa vitesse, en se faisant pousser par le vent qui gonfle la nageoire dorsale. Truites et saumons bondissent pour remonter les cascades.

III. — Très carnassiers, les poissons se poursuivent et dévorent les êtres aquatiques. Ils ont de nombreuses rangées de dents. Leur suc gastrique est très corrosif pour dissoudre les écailles. L'intestin est court : parfois il se contourne en spirale. La voracité de quelques-uns est extrême : brochet, requin. Ces vertébrés inférieurs, aux instincts grossiers, ont un cerveau très petit, mais de gros lobes olfactifs et optiques. Dans leur élément défavorable, la vue et l'odorat sont assez bons : le pêcheur les attire de fort loin avec des appâts odorants. L'ouïe doit être vague, mais l'animal entend le moindre bruit : d'ailleurs l'eau est favorable à la transmission des sons. Parmi leurs instincts curieux, celui qui préside aux *migrations* régulières de certains poissons. D'ordinaire, c'est pour pondre leurs œufs (frai) en commun, dans les lieux les plus propices. On en profite pour accomplir les **grandes pêches**. Les uns descendent vers le sud à époque fixe : la morue vers Terre-Neuve et l'Irlande ; le hareng, à 3 reprises, jusque dans la Manche. D'autres remontent des profondeurs : le maquerau. L'anchois passe de l'Atlantique dans la Méditerranée. Ceux-ci quittant la mer, remontent les fleuves : saumon, esturgeon. L'anguille, au contraire, quitte les rivières et se dirige vers la mer. Ces grandes pêches et les petites côtières font vivre près de 80.000 marins français ; elles rapportent environ cent millions de francs. Pour conserver ces immenses provisions il faut les saler, les fumer, ou les mariner dans l'huile.

Le poisson frais étant un aliment très hygiénique, on s'occupe enfin de repeupler nos rivières. On soigne l'éclosion des œufs dans des courants d'eau vive, en cascade ; on nourrit les petits êtres et, dès qu'ils sont assez forts, on les met en liberté dans des rivières favorables, loin des voraces, et surtout du brochet. La pisciculture est appelée à rendre de très grands services, comme elle a fait de tout temps en Chine. Le nombre des œufs est énorme : la carpe en pond 300.000 Quelques poissons soignent leurs petits : ce sont les pères qui remplissent cette fonction. L'Hippocampe ou cheval-marin, semblable au cavalier du jeu d'échecs, couve les œufs dans une poche spéciale. Le Chabot, le glanis surveillent leur progéniture. Le Chromis abrite ses petits dans ses ouïes : on le surnomme « Père de famille ». C'est un bon père, aussi, que l'Épinoche : il construit un nid allongé en manchon ; le Gobie et l'Arc-en-ciel font de même.

IV. — Utilités. Presque tous les poissons sont excellents à manger ; les uns ont une chair légère, facile à digérer (merlan), d'autres une chair compacte, nutritive (saumon) ; quelques-uns sont gras, savoureux, un peu lourds à digérer : anguille, lotte, lamproie. A titre exceptionnel la chair des cuirassés est malsaine (coffre, lune) et quelques poissons doivent être évités à l'époque de la ponte. Beaucoup de poissons fournissent de l'huile pour l'éclairage et les industries : hareng, sardine, squales. Le **foie** de la morue, de la raie, des squales fournit une huile dépurative, reconstituante, par sa richesse en iode, soufre et phosphore. Les œufs de l'esturgeon et du brochet russe constituent le *caviar.* La colle de poisson, employée surtout à clarifier le vin, est fabriquée avec la vessie natatoire de l'esturgeon et du silure. On utilise la peau de l'anguille et de la raie (*chagrin*) ; avec celle des requins on fait des selles, harnais, barques. Les écailles nacrées de l'ablette, dissoutes dans l'ammoniaque, forment l' « l'essence d'Orient » que l'on insuffle dans de petites ampoules de verre pour obtenir les « perles fausses. »

A titre nuisible, les grands Squales : requin, scie. Quant aux poissons **électriques**, ils sont plutôt curieux. Leur arme engourdit la proie et les défend contre leurs ennemis. Cette électricité est comparable à celle de la foudre et des appareils de physique. Quand on la condense elle produit des étincelles, elle aimante l'acier, elle décompose l'eau. La *Torpille* ressemble à la raie : ses 2 appareils s'étalent sur le dos. Le *Gymnote* ou *anguille de Surinam* (Am. S) loge dans ses reins et sa queue une arme formidable ; il vit dans les marais. On s'en empare en lui faisant déperser sa provision d'électricité sur des chevaux, que l'on oblige à subir les douloureuses commotions : momentanément désarmé, on le prend à la main. On connait moins le malaptérure, le mormyre.

V. — Classification. — I°. P. Osseux, à écailles ordinaires. Un 1er groupe renferme ceux dont la nageoire dorsale est armée de rayons épineux, arme dangereuse : Perche, vive, rouget, thon. 2° Ceux dont la nageoire dorsale a des rayons mous. Les uns ont les nageoires ventrales à l'abdomen, loin des pectorales : Carpe, tanche, silure 6m, hareng, truite, brochet. Les autres ont leurs nageoires ventrales sous les pectorales : Morue, merlan. II°. P. Plats, à écailles denticulées, les 2 yeux placés sur le côté dorsal : Sole, limande, turbot, barbue. III° Les Serpentiformes, sans nageoires ventrales (apodes): Anguille, congre, gymnote. IV° Les Cuirassés, les seuls dont la chair soit malsaine : lune, diodon, coffre, hippocampe.

Parmi les P. Cartilagineux, le 1er groupe est celui des 3 véritables amphibies. 2° Les Ganoïdes ont des écailles et des plaques dures, osseuses, émaillées chez la lépidostée, et non sur l'esturgeon. 3° Écailles hérissées de boucles dures, placoïdes. Bouche transversale située très en dessous, loin du museau, de sorte que le poisson est obligé de se retourner à demi pour happer sa victime. Ce sont les *Squales* (requin, marteau), les Scies, les Anges et les *Raies* (torpille). Les 2 derniers vertébrés sont: 1° la Lamproie, dont la bouche s'arrondit en ventouse : 2° l'Amphioxus, privé d'un cerveau véritable, et dont le squelette se réduit à une colonne vertébrale fibreuse.

XXVIIᵉ LEÇON

ETUDE DES INVERTÉBRÉS (*sans squelette*).

2ᵉ Embranchement : ANNELÉS

Leur corps est divisé en anneaux qui diffèrent notablement chez les mieux organisés, munis de pattes articulées, aux articles flexibles : **articulés** (abeille, écrevisse). Les anneaux se ressemblent beaucoup et possèdent une sorte d'indépendance vitale chez les inférieurs, privés de pattes : **vers** (sangsue, ténia). Le système nerveux est *ventral* : il s'étend sous le tube digestif ; c'est une chaîne simple ou double de petites masses nerveuses nommées ganglions. Les 4 premiers ganglions forment, avec les arcs qui les raccordent, un *collier œsophagien* autour du pharynx : ils tiennent lieu de cervelle.

On divise les **articulés** en 4 classes : insectes, mille-pattes arachnides, crustacés.

1er CLASSE DES ARTICULÉS : INSECTES

1. — Extérieur. — On reconnaît un Insecte à 3 caractères : son corps est divisé en 3 régions : tête, thorax, abdomen, et c'est le thorax qui porte toujours les 6 pattes et les ailes au nombre de 4 ou de 2.

1º TÊTE. — Elle porte 2 **antennes** ou « cornes » qui servent au toucher, à l'odorat, et peut-être à l'ouïe. Deux sortes d'yeux : les uns simples (Ocelles), au milieu du front, peu nombreux ; et, sur les côtés, 2 énormes **yeux composés**, résultant de la juxtaposition de plusieurs milliers d'yeux élémentaires, de sorte que toutes les cornées de la surface forment une « *mosaïque de facettes*. De la sorte l'insecte voit dans plusieurs directions et saisit les moindres détails de ce qu'il regarde.

La bouche est formée d'une douzaine de pièces : 2 lèvres, le *labre* sup. et le *labium* inf. ; 2 *mandibules* et 2 *mâchoires* denticulées, qui se déplacent horizontalement. Des *Palpes* articulés servent à palper, saisir, goûter : 2 sur les mâchoires, 2 sur la lèvre inf. qui porte aussi une *Languette*. La modification de ces pièces révèle le genre de vie : ainsi le Cerf-volant est un broyeur qui doit son nom à la grosseur de ses mandibules. Pour lécher le nectar des fleurs dont elle fera le miel, l'abeille possède 2 mâchoires (demi-cylindriques) qui se rapprochent en *corps de pompe*, au sein duquel la languette fonctionne comme piston aspirant. Les mandibules et le labre lui servent à pétrir la cire et le pollen. Chez la punaise les mandibules et les mâchoires forment 4 stylets ; le cousin en a 5 ; la puce est armée d'une languette pointue : le papillon n'a qu'une trompe molle.

2º THORAX OU CORSELET. — La poitrine est formée de 3 anneaux, portant chacun une paire de pattes ; total 6 : les insectes sont *hexapodes*. Le premier anneau ne porte pas d'ailes. La mouche n'en a que 2, mais le 3e anneau porte des « balanciers » utiles au vol : si on les blesse elle vole de travers. Les 4 ailes de la Libellule (demoiselle) sont finement veinées de *nervures* délicates. Celles des papillons sont poudrées d'une poussière écailleuse qui adhère aux doigts, surtout celle des papillons nocturnes, aux couleurs sombres. Parfois la première paire n'est qu'un étui corné, protecteur : les *élytres* ; c'est le cas de l'ordre le plus connu : les **Coléoptères** (ailes à étui), hanneton, cerf-volant, scarabée, carabe, charançon, coccinelle « à Bon Dieu ». Les 6 pattes, admirablement articulées, sont formées de nombreux articles flexibles, qui s'infléchissent les uns sur les autres : une hanche double, une cuisse, la jambe, un tarse de plusieurs segments et une griffe.

3° ABDOMEN ou VENTRE. — Composé d'une dizaine d'anneaux assez mobiles, il ne porte jamais de pattes, mais il peut se terminer par des organes utiles. L'abeille possède un double dard venimeux ; le Perce-oreille est muni d'une paire de pinces. Beaucoup de mères ont une *tarière* pour enfoncer leurs œufs : sabre de Sauterelle. Les fourmis savent traire les cornes sucrées du Puceron. Quand le thorax est relié à l'abdomen, comme chez la guêpe, par une région échanglée, ce Pédicule représente le 2e anneau abominal.

II. — ORGANISATION. — Le **tube digestif** est comparable à celui de l'oiseau. Sous les grosses glandes salivaires, 3 estomacs : 1° *un Jabot*, c'est là que le nectar des fleurs se transforme en miel chez l'abeille ; 2° *un Gésier broyeur*, à plaques cornées ; l'abeille n'en a pas. 3° *le Ventricule chylifique*, ou estomac chimique, à suc gastrique. Dans l'intestin débouchent 2 sortes de tubes étudiés par Malpighi : les premiers représentent le foie, et les derniers les reins.

L'insecte respire de tous côtés avec des tubes élastiques, à spirales déroulables : les **trachées** ; tubes qui se ramifient jusqu'au bout des pattes. L'air y pénètre par 9 paires de boutonnières : les Stigmates, placées sur les flancs, colorées chez les chenilles. En fermant ces boutonnières l'insecte résiste longtemps à l'asphyxie dans l'eau, ou dans un gaz mortel. Les insectes qui volent très bien ont 2 longues trachées centrales, tout le long du corps ; d'autres possèdent, comme les oiseaux, des *sacs aériens*. Hannetons et criquets les gonflent d'air avant de partir pour leur expédition. Ainsi le sang se purifie de tous côtés puisque l'air se répand jusqu'au bout des pattes. Donc la *circulation* n'a pas besoin d'être compliquée, elle est très simple. Pas de veines ; très peu d'artères ; mais, le long du dos, un grand canal contractile, subdivisé en une dizaine de chambres, entouré de nombreuses trachées, servant à la fois de cœur artériel et d'aorte. Le sang y chemine d'arrière en avant : il y entre aussi sur les côtés. Tel est le **vaisseau dorsal**. Chez les invertébrés le sang n'a pas de globules rouges, il est *jaunâtre*. Par exception il est rouge, quoique sans globules, chez les Vers.

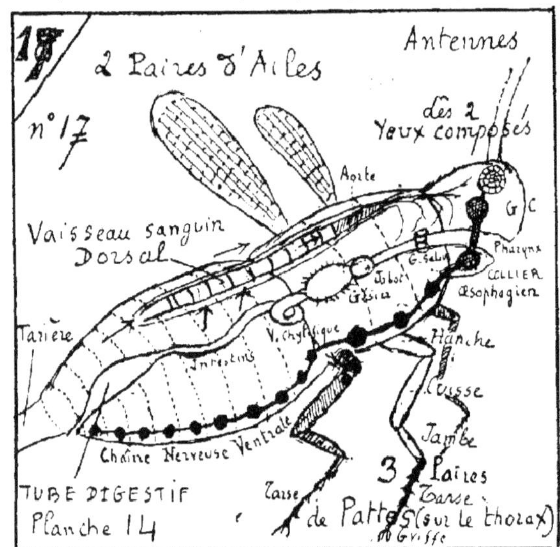

Une double Chaîne de ganglions nerveux s'étend le long du ventre, sous le tube digestif ; en principe chaque anneau possède 2 ganglions, plus ou moins soudés soit 2 à 2 : soit même à 4, à la hauteur des pattes. Cette **chaine ventrale**, disposée à l'inverse du rachis des vertébrés, se raccorde par des arcs nerveux avec les 2 ganglions de la tête, les seuls qui soient au dessus du tube digestif. Le pharynx est entouré par les 4 premiers ganglions et les arcs qui les relient : c'est le **collier œsophagien** ; il tient lieu de cervelle : c'est l'encéphale de ces invertébrés.

III. — PONTE. MÉTAMORPHOSES. — Les mères pondent un grand nombre d'œufs avec beaucoup de précautions. La majorité possède une *tarière* pour enfoncer l'œuf dans le sable, ou dans telle partie de tel végétal. Les fossoyeurs enterrent les petits cadavres après y avoir déposé leurs œufs. Pendant la belle saison, un puceron produit une dizaine de générations de 20 petits, nés tout vivants, sans ailes ; soit 10 millions de descendants en quelques semaines. De ce genre est le Phylloxéra qui a ruiné le quart de nos vignobles en épuisant les racines de la vigne. Intéressants les insectes qui soignent leurs petits : très peu ; le Perce-oreilles couve ses œufs, la Cochenille meurt sur les siens.

Sauf les espèces inférieures, tristes *parasites*, privés d'ailes (*Aptères*), les insectes subissent des métamorphoses qui les améliorent, leur donnent des ailes, et la possibilité de pondre. La métamorphose est **complète** quand l'animal passe par 3 états très différents et change de régime. L'œuf produit une sorte de ver, **larve**, parfois sans pattes (mouche), parfois munie de fausses pattes membraneuses sous l'abdomen chenille . La larve du hanneton ou « Ver blanc » demeure ainsi pendant plus de deux ans, dévorant les racines de nos potagers et de nos jardins. Vient un moment où l'animal cherche à se dissimuler dans une retraite, et, souvent, se file un *cocon*, pour s'y engourdir à l'état de **chrysalide**. Pendant ce sommeil, les derniers changements s'accomplissent : les ailes se développent et le cocon percé livre passage à l'insecte **ailé, adulte**. Le ver blanc est devenu hanneton, la chenille est devenue papillon. Souvent le régime a changé, et, par suite, la bouche, le tube digestif: ainsi les chenilles sont broyeuses tandis que les papillons aspirent le suc des fleurs avec une trompe molle.

Dans la minorité, la métamorphose, moins profonde, est dite **incomplète**. La larve se modifie peu à peu en une *Nymphe* qui conserve toute son activité et sur laquelle on voit progressivement se former les ailes. Le régime ne change donc pas. Il est parfois carnassier. Exemple : libellule, sauterelle, cigale.

IV. — Caractères nuisibles. — Presque tous les insectes sont nuisibles, et c'est pourquoi nous avons souligné si souvent l'utilité des êtres insectivores. Les plus malfaisants sont ceux qui dévorent nos plantes cultivées et surtout les moissons, les vignes, les fruits, les arbres. C'est parfois une calamité ; une bande de hannetons s'abat sur un canton et détruit la récolte (Provence : on paye assez cher un sac d'œufs de hanneton). Les Criquets, ou grandes sauterelles voyageuses partent des déserts du Sahara, portant dans les replis de leur nuage noir la famine et la peste sur un canton d'Algérie: on cherche à les détourner par le son des cloches et du canon, on les détruit par l'incendie. Quand le danger menace, on ébouillante les chenilles : on emploie le pétrole et le sulfure de carbone contre le phylloxera ; on noye les hannetons dans un « lait de chaux », etc. Rappelez-vous les jardiniers anglais nous achetant des crapauds.

2° D'autres insectes attaquent nos vêtements, nos provisions, les collections : Cafard blatte), teigne, dermeste. Le Termite détruit les boiseries dans les ports de mer. Plusieurs ont un dard venimeux ou une morsure douloureuse: guêpe, frelon, cousin, moustique, surtout ceux des pays chauds. La piqûre d'une mouche charbonneuse empoisonnne le sang. D'autres s'attaquent à notre bétail : le cheval et le bœuf sont harcelés par le Taon, l'œstre, l'hippobosque. Sur la côte africaine Est, la piqûre d'une mouche, Tsetsé, suffit pour tuer les grands animaux domestiques ; on doit se borner à la chèvre et au porc qui bravent ce poison.

VII. — CURIEUX. — Les insectes phosphorescents : c'est la femelle du Ver-luisant (Lampyre) qui brille dans l'obscurité : elle n'a pas d'ailes. Les 2 sexes sont ailés et lumineux chez la Luciole d'Italie et le pyrophore (Am.) dont les dames se parent comme d'un diamant, dans les cheveux. On élève aussi le Fulgore. Saute-relle et grillon produisent leur cri monotone en frottant des cymbales écailleuses à la base de leurs élytres. C'est le mâle de la Cigale qui possède dans l'abdomen, un double tambour, protégé par 2 volets ; au fond du tambour un tendon fait vibrer les 2 bruyantes timbales ou cymbales. Plusieurs larves recouvrent leurs corps mou d'un fourreau protecteur : la Teigne qui ronge les étoffes s'a-brite sous une gaine feutrée ; la frigane qui vit dans l'eau se recou-vre de menus débris et même de petites coquilles. Les *Sociétés* d'abeilles, de guêpes, de fourmis, de termites, sont un objet de haute curiosité. Les grandes fourmis amazones réduisent en esclavage les petites mineuses, qui se consacrent aux travaux de la communauté : constructions, provisions, etc. : elles s'emparent, en guise de vaches laitières, de larves de pucerons, dont les cornes abdominales sécrètent un nectar sucré. Le *Termite fatal* se cons-truit des huttes coniques de 4 m. dans lesquelles on trouve : une seule mère, reine monstrueuse dont l'abdomen, mille fois plus gros que le corselet, pourra pondre 80.000 œufs par jour ; un roi, de taille modeste ; des mâles, qui profiteront peu de temps de leurs ailes ; des nymphes, soldats armés de pinces, qui ne seront pas ailés ; enfin des larves, ouvrières, travaillant alternativement comme nourrices, maçons, approvisionneurs. C'est le plus remar-quable exemple de la subdivision du travail vital ; chacun remplit une tâche déterminée dans l'intérêt général de la communauté.

XXVIIIe LEÇON

VIII. — INSECTES UTILES

D'abord l'abeille et le ver-à-soie. La Cochenille nous donne le *carmin* : c'est le corps même de l'animal, mort sur ses œufs. Le Cynips enfonce sa tarière dans le chêne : une excroissance se forme autour de l'œuf : c'est la *noix de Galles*, utilisée pour son tannin, en médecine et en teinturerie. La cantharide, d'un vert d'émeraude, sert pour vésicatoires. Quelques insectes sont mangeables : on vante une larve américaine, Calandre, dite « ver palmiste », qui se nourrit de la moelle du palmier. Les Cossus ou larves du gâte-bois sont comestibles ; avec leurs œufs on confectionne des gâteaux. On mange aussi les termites, les criquets, etc.

Enfin, tous les carnassiers nous débarrassent des autres insectes : le Carabe ou jardinière, la coccinelle « à Bon Dieu » avide de pucerons. Le Fourmi-lion guette sa proie du fond de son entonnoir. L'Ichneumon pond dans le corps d'une chenille chacun de ses œufs, dont la larve dévore son berceau vivant.

Abeille (*Apis*) apiculture. Une ruche contient un essaim, formé : 1º d'une *reine*, grande, élancée, dont l'unique fonction est de pondre. jusqu'à 100,000 œufs. On l'entoure de soins, mais elle ne gouverne pas : ce n'est pas une reine, c'est *la mère* ; 2º un millier de *mâles*, ou faux-bourdons, trapus, sans aiguillon; bouches inutiles que la communauté chasse en octobre ; 3º de 13 à 15,000 *ouvrières*, se livrant alternativement à plusieurs travaux : elles fabriquent des cellules de **cire**, elles les remplissent de provisions (**miel** et *pollen*) ; elle élèvent le nouvel essaim : elles veillent sur la ruche et savent, au besoin, la ventiler. C'est le mode d'alimentation et la dimension du berceau qui ont déterminé ces 3 sortes d'êtres : ainsi la reine a été élevée dans une grande cellule, où son ovaire s'est développé, et elle n'a pas reçu d'autre nourriture qu'une bouillie acidulée dite « pâtée royale ». Si elle meurt au berceau, les abeilles désignent une autre larve quelconque, agrandissent sa demeure, lui prodiguent la nourriture d'élite, et transforment en reine celle qui ne devait être qu'une simple ouvrière. Quand la mère meurt, l'essaim se disperse.

La communauté commence par enduire et calfeutrer la ruche d'un vernis résineux, emprunté aux bourgeons du sapin et du peuplier. Puis elle construit les cellules avec la **cire** qui est sécrétée entre les anneaux de l'abdomen : ce travail s'accomplit avec la lèvre supérieure et les 2 mandibules. La forme des alvéoles est hexagonale, à 6 pans. On nomme Rayon ou gâteau l'ensemble de 2 rangées de cellules, juxtaposées dos à dos. En 3 jours l'essaim a construit 12,000 de ces logettes destinées à recevoir les provisions et les œufs. Le **miel** est le nectar des fleurs, léché par l'abeille, avec la languette et les palpes, élaboré dans le jabot, et dégorgé ; c'est une provision destinée aux jeunes et une réserve pour l'hiver.

Quand l'alvéole est pleine, l'insecte la ferme avec un petit couvercle de cire. L'autre provision nous intéresse moins : c'est le *Pollen*, ou poudre jaune des étamines, dont la petite bête est saupoudrée quand elle s'est roulée dans les fleurs. Les 2 pattes postérieures sont munies d'une *Brosse* (1er article du tarse) et creusées d'une *Corbeille* dans la cuisse. L'abeille se brosse, forme des pelotes de pollen, en remplit ses corbeilles et, chargée de son lourd butin, s'empresse de l'emmagasiner dans la ruche.

Les œufs sont pondus au bas des rayons. Pendant 5 jours, les nourrices distribuent à toute la communauté la pâtée acidulée ; puis, 2 ou 3 jours, un mélange de pollen et de miel, sauf à la future reine dont le régime n'est pas modifié. Au 8e jour, les cocons sont filés ; 9 jours après, on aide la nouvelle reine à déployer ses ailes, tandis que les autres demeurent engourdies en chrysalide une semaine encore. S'il y a plusieurs reines nouvelles, le droit d'aînesse est respecté : on immole les autres. Et quand la place est

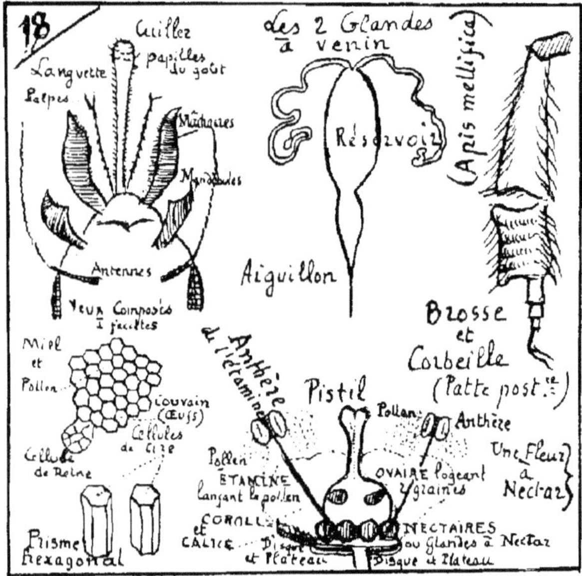

trop petite, l'un des deux essaims s'envole ; le plus souvent les anciennes font place aux jeunes. Une ruche de 4 kil. produit 4 kil. de cire et 12 kil. de miel ; on en laisse 7 pour l'hiver, et l'on remplace les 5 k. enlevés par de la mélasse. Nos pères estimaient beaucoup ces deux productions, puisqu'ils n'avaient ni le sucre raffiné, ni la bougie stéarique. Presque tout ce que nous savons des mœurs de l'abeille nous a été appris par un observateur aveugle : Huber. Un rucher modèle, avec ruches vitrées et à étages, est installé au Luxembourg, devant le lycée Montaigne ; son annexe est au parc Montsouris, à 2 pas de la station de Sceaux-Ceinture. On y fait un *Cours d'apiculture* des plus intéressants.

Ver-à-soie (magnan . — On le nourrit de feuilles de mûrier dans l'atmosphère sèche et tiède, 24°, des magnaneries. C'est la chenille d'un papillon nocturne, faible, blanchâtre : le Bombyx du mûrier. Il est bon que les œufs aient subi les froids de l'hiver; on reconnaît au microscope s'ils n'ont pas des taches annonçant les maladies (M. Pasteur . La tête est cornée, sans yeux, à museau brillant ; le corps perd son duvet et devient blanc, sauf chez le « moricaud » plus robuste. A la suite des 6 pattes cornées (qui se modifient sur le bombyx), l'abdomen en porte 10 fausses, membraneuses, qui disparaîtront. Un grand mois s'écoule, 32 jours, entrecoupé de *4 Mues* pénibles, que précède un redoublement d'appétit. La partie résineuse du mûrier se transforme en **soie**, liquide au sein de 2 longues glandes, comparables à celles de la salive ou de la sueur. Elles aboutissent à la *filière*, percée dans la lèvre inférieure :

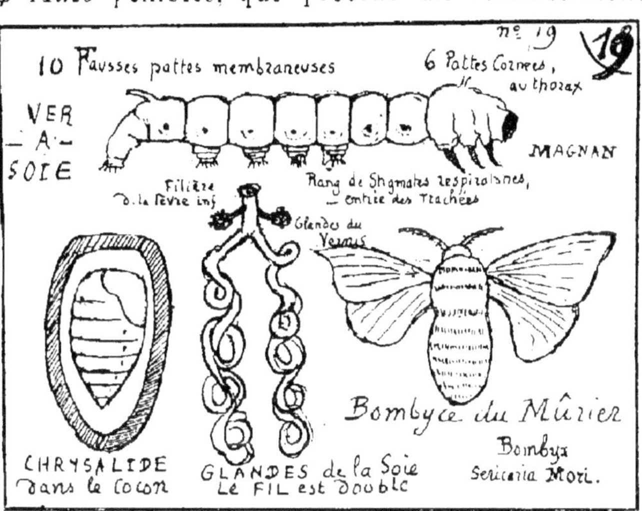

ainsi le fil est double. Il est verni par 2 petites glandes voisines de la filière. Au 32ᵉ jour, après un dernier accès de fringale, le ver est bien mûr, un peu jaune, le museau rougi ; il « monte » dans les petites branches et il se met à filer son beau cocon en trois jours, sans briser le fil et sans trop l'engluer. Ce fil unique, qui représente 300.000 tours, peut dépasser 1.200 mètres : il est très facile à dévider dans l'eau tiède. On étouffera préalablement la chrysalide avec la vapeur chaude. Exception sera faite pour quelques cocons, afin d'avoir des œufs ; on laisse donc pendant 2 semaines la chrysalide devenir papillon ; alors le bombyx ailé perce son cocon avec ses yeux et sa salive. Il vit plusieurs jours sans manger, car il n'a pas de bouche : il pond quelques centaines d'œufs et il meurt. Au total : 2 mois. On fabrique la filoselle, la « fantaisie » avec la bourre qui entoure le cocon et avec les cocons percés. Dans quelques pays, ce sont encore les femmes qui font éclore les œufs au sein de sachets pendus à leur cou. On nomme magnanarelles celles qui cueillent le mûrier.

Cette industrie fait la richesse de Lyon qui ne s'occupe que des soieries artistiques, où elle est sans rivale, laissant à d'autres les étoffes mélangées, à bon marché. Le bassin du Rhône produit 200 millions de francs de *soie grège* : ce chiffre est triplé par la teinturerie, le tissage, la broderie. On ne peut élever le ver à-soie que dans les régions assez chaudes pour la culture du mûrier. En Italie, la Trivoltine n'a que 3 mues, le ver du Frioul donne une soie rose. En Chine quelques cocons verts, d'autres pourpres. Le ver-à-soie a peu de rivaux, parce que les autres cocons sont trop englués, ou bien parce que le fil a été coupé mille fois par l'animal. Parmi les plus connus : *l'Attacus*, superbe papillon qui vit sur l'ailante, ou vernis du Japon : et les *bombyx* du chêne et du ricin.

IIe CLASSE DES ARTICULÉS : MILLE-PATTES

Les Myriapodes possèdent de 24 à 100 pattes. Leur thorax ne se distingue pas de l'abdomen. Chez la **Scolpendre**, chaque anneau, aplati porte une paire de pattes. La 1re paire se modifie pour renforcer la mâchoire. et elle se termine par des crochets venimeux. Les scolopendres sont d'agiles carnassiers : on évitera la morsure des grandes espèces. Le **jule**, aux antennes moins longues, vit de végétaux ; son corps arrondi se roule en boule ; il est lent, bien que chaque anneau porte 2 paires de pattes : parfois jusqu'à 100.

IIIe CLASSE : ARACHNIDES

On les reconnaît à leurs 8 pattes : leur type est l'araignée. Le corps est divisé en 2 régions, parce que la tête est soudée au thorax en un Céphalothorax. Une dizaine d'yeux simples ou ocelles. Pas d'antennes. Les 2 pièces principales de la bouche sont une paire de *griffes*, et une paire de *pieds-mâchoires* dont la base sert à broyer, et dont l'extrémité s'épanouit en crochets venimeux, ou en larges pinces.

1° **L'araignée** : insectivore, très vorace, utile dans les jardins. L'abdomen se termine par 6 filières, percées d'un millier de trous de sorte que la soie est d'une finesse extrême. La toile arrête les petites victimes que l'araignée enlace, englue, immobilise. Quand la toile est propre c'est la meilleure des charpies. On a tissé des gants, des bas ; et même un costume pour Louis XIV ; mais il était impossible d'insister, parce que les araignées se dévorent impitoyablement. Leur morsure est venimeuse, surtout celle de la *Tarentule* italienne; on conseille de danser vivement afin de suer abondamment pour éliminer le poison. C'est l'*Épeire* qui sécrète les « fils de la Vierge ». L'*Argyronète*, aimant l'eau, se file une cloche à plongeur. L'énorme *Mygale* maçonne, tapisse sa demeure dans l'excavation d'un puits, et la ferme d'une porte qu'au besoin elle saura maintenir en s'arcboutant ; une espèce américaine arrête et tue les petits oiseaux.

2° La bouche du **scorpion** est armée de longues pinces : mais c'est l'abdomen très long, très agile, se recourbant pardessus la tête pour la protéger, qui se termine par l'arme terrible, le *crochet*, percé de 2 trous recevant le venin de 2 glandes. La petite espèce de Provence détermine une fièvre intense : les grandes espèces foncées de l'Afrique et de l'Inde peuvent tuer en quelques minutes.

3° Les **mites** ou **acares** sont des parasites qui s'attaquent aux provisions, au fromage, à nos animaux : *Gamase* des volières; *Tique*, au ventre gonflé, sur les oreilles du chien. Le plus redouté est le *Sarcopte* qui se creuse des galeries sous notre peau (afin de pondre) ce qui détermine « la gale » ; d'ailleurs de plus en plus rare on la combat avec les vapeurs du soufre.

IV° CLASSE. — CRUSTACÉS

Animaux aquatiques, comestibles, protégés par une cuirasse qui mue plusieurs fois et que peut rougir la cuisson. La tête est soudée au thorax en un énorme *Céphalothorax*. L'abdomen est très court chez le Crabe, il se termine en pointe chez la Limule, ou porte-épée. 2 gros yeux, souvent mobiles au bout d'un pédicule : 4 antennes et une bouche broyeuse de 12 pièces : 2 mandibules, 4 mâchoires, et 6 pieds-mâchoires. L'estomac lui aussi est broyeur, comparable à un moulin à café. Tous ces êtres sont carnassiers.

Les crustacés respirent avec des branchies dressées en panaches à la base des pattes. Leur circulation, très supérieure à celle des insectes, comprend un cœur artériel, sur le dos, inverse du cœur veineux des poissons : de nombreuses artères et veines. Les plus parfaits ont 10 pattes pour marcher et nager et, en outre, sous l'abdomen, de fausses pattes « natatoires » auxquelles les œufs sont suspendus. La queue se termine par une nageoire (telson) dont le brusque mouvement fait reculer l'animal. Presque tous les crustacés sont excellents à manger bien que leur chair savoureuse soit un peu lourde. 1° L'**écrevisse** d'eau douce et 2° le **homard** marin ont la première paire des 10 pattes transformée en pinces redoutables. 3° La **langouste** en est privée : 2 de ses antennes sont énormes. 4° Quelques **crabes** dits terrestres peuvent faire de longs voyages à terre, parce qu'ils emprisonnent, comme l'anguille, une certaine quantité d'eau autour de leurs branchies. 5° On mange volontiers la *crevette* et la *squille*. 6° Le *Bernard ermite* ayant l'abdomen dénudé, sans cuirasse, se loge dans une coquille de mollusque, qu'il change en grandissant. Citons encore 7° la *crevettine* des puits, l'humble *cloporte* ; Apus, Daphnis, cyclope ; l'*Anatife* qui se fixe aux rochers et la *Balane* parasite des tortues marines.

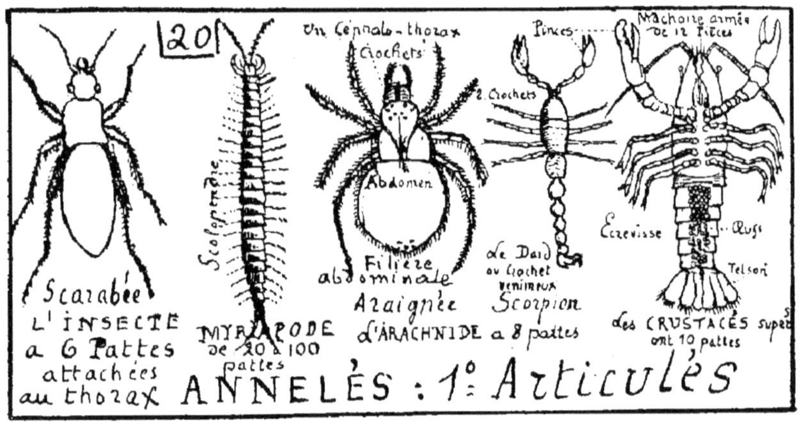

XXIXᵉ LEÇON

2ᵉ DIVISION DES ANNELÉS : LES VERS

Les vers n'ont pas de pattes articulées, mais de simples *Soies*, des cils vibrants, des ventouses. Leurs anneaux se ressemblent beaucoup, et possèdent une indépendance de plus en plus accusée : coupé en 10 morceaux, le ver palpite longtemps, et le tronçon qui porte la tête peut reproduire un ver complet.

Iᵉ CLASSE : ANNÉLIDES

Leur sang est rouge quoique privé de globules ; il circule grâce à 2 vaisseaux contractiles, l'un sur le dos, l'autre sous le ventre, et ce dernier peut loger la chaîne nerveuse des ganglions. Les uns nagent libres, **errants** : l'*Eunice* dont le dos est orné de plu-

sieurs centaines de branchies; la *Néréide* qui se plaît dans la vase;
moins cependant que l'*Arénicole*, type des **sédentaires**, très recher-
chée par le pêcheurs en guise d'amorce : et la *Serpule* qui s'abrite
dans le tube calcaire qu'elle sécrète : un panache de branchies couronne sa tête. L'agglomération des serpules ressemble au maca-
roni.

Le *Lombric*, ou ver de terre, muni de 8 rangées de soies, est un peu
utile en aérant le sol. La **Sangsue** rampe avec ses 2 ventouses;
l'inférieure lui permet de se fixer, et la supérieure, armée d'une triple mâchoire étoilée, aspire le sang qui gonfle onze paires de poches
(cœcums). Sur les indications du médecin, cet annélide est fort utile.

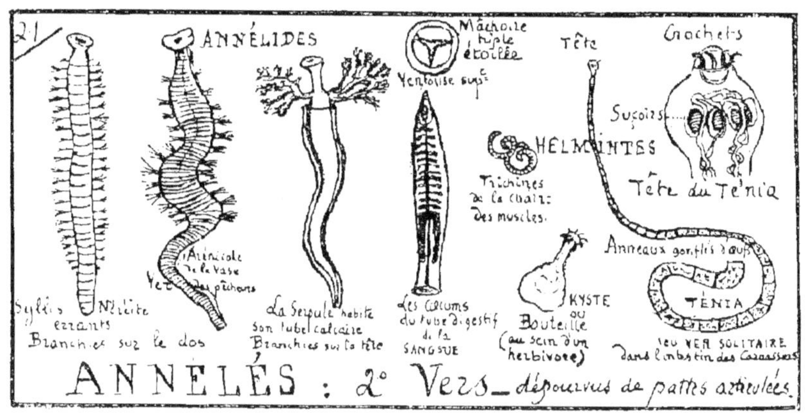

Notre peau garde quelque temps une cicatrice étoilée, à 3 branches.

2ᵉ CLASSE : HELMINTHES

Parmi ces vers inférieurs, très peu nagent librement. Les autres
sont des parasites, parfois redoutables. Le plus terrible est la *Tri-
chine* qui dévore la chair : d'ailleurs presque inconnue en Europe
tant l'on surveille les jambons d'Amérique qui en sont parfois
infestés. Le *Ver de Médine* vit sous la peau des nègres. La *Douve* se
nourrit de bile au sein du foie. Quand les enfants mangent des
fruits trop verts, ils s'exposent à recevoir l'*Ascaride* dans leur intestin.

Plusieurs helminthes ont besoin, pour accomplir leur métamorphose, de *transmigrer* d'un être inférieur à un être supérieur.
Tel est le **Tœnia**, mal surnommé **ver solitaire**, car on peut en
avoir plusieurs. L'œuf ne peut éclore qu'au sein d'un herbivore: il
y forme une sorte de « bouteille » : et quand un carnassier dévore

l'herbivore infesté de « bouteilles » celles-ci se développent, chacune,
en un long ruban, aplati, formé d'anneaux de plus en plus longs,
et gonflés d'œufs. Heureusement que ces œufs ne peuvent éclore au
sein du carnassier. La tête porte 4 bouches sur un memelon garni
de deux rangs de crochets. Le ver solitaire nous est transmis par le
porc. Maladie de plus en plus rare, parce que les inspecteurs des
abattoirs font brûler toute viande qui possède quelques bouteilles.
D'autre part, en France, on a la bonne habitude de bien cuire la
charcuterie, de la saler ou de la fumer avec soin. Quand on néglige
ces précautions, on s'expose aux helminthes (Suisse, Allemagne). —
De la même manière des ténias spéciaux transmigrent de l'agneau
au loup, de la souris au chat, du poisson aux oiseaux piscivores.

3e Embranchement : MOLLUSQUES.

Leur corps très mou est protégé par un repli de la peau, le
Manteau. C'est le seul bouclier pour la limace et le poulpe. Chez
les autres, le manteau sécrète une **coquille**, nacrée à l'intérieur.
L'accumulation de la *nacre* en un point, par exemple autour d'un
grain de sable qui blesse l'animal, produit la *perle*. Presque tous
aquatiques, les mollusques ont des branchies : chez l'huître ce
sont des lamelles foncées. Toutefois l'escargot et la limace, terrestres, ont sur le dos une sorte de poumon. Il en est de même des
Lymnées et Planorbes qui viennent, de temps en temps, respirer à
la surface des étangs. Une circulation compliquée : toujours un
cœur artériel, à 2 ou 3 cavités, inverse du cœur veineux des poissons. 3 paires de ganglions principaux, reliés par des arcs nerveux qui forment, autour de la bouche, 2 colliers œsophagiens.
Tube digestif contourné en U ; grosse glande digestive servant de
foie et de pancréas. Presque tous ont des **tentacules** qui servent
de bras, de pieds, de nageoires, d'antennes: ainsi l'escargot a 4 tentacules, dont les 2 plus longs portent les yeux noirs. Beaucoup
peuvent ramper sur un disque charnu, ou *pied ventral*.

En général les mollusques sont comestibles : huitre, moule,
clovisse, escargot. On recherche la nacre et les perles de l'huître
perlière (pintadine) de quelques moules, du jambonneau, de l'haliotide. Beaucoup de coquilles sont magnifiques. La Seiche fournit
un os spécial (cages, polissage) et une encre brune (*sépia*). D'autres produisaient la célèbre *pourpre* de Phénicie. Quelques mollusques se fixent momentanément avec un écheveau de filaments soyeux
(*byssus*) que l'on peut filer et tisser en gazes légères : jambonneau.
Parmi les caractères nuisibles : le **taret** perce le bois des na-

vires, des chantiers, des digues (Hollande). Limace et limaçon dévastent nos potagers. A titre exceptionnel, le nageur peut redouter les énormes poulpes et calmars.

Les Céphalopodes (Tête-pieds) ont une grosse tête bien organisée, avec grands yeux et bec corné, entourée de 8 ou 10 tentacules garnis de Ventouses, ce qui les rend très puissants. L'eau entre dans un sac, baigne les 2 branchies, et sort par un tube dit « locomoteur » car plus elle est expulsée avec force, et plus le mollusque file en sens contraire. Une poche à « encre » permet à l'animal poursuivi de s'entourer d'un nuage. Le *Poulpe* ou pieuvre (Octopus)

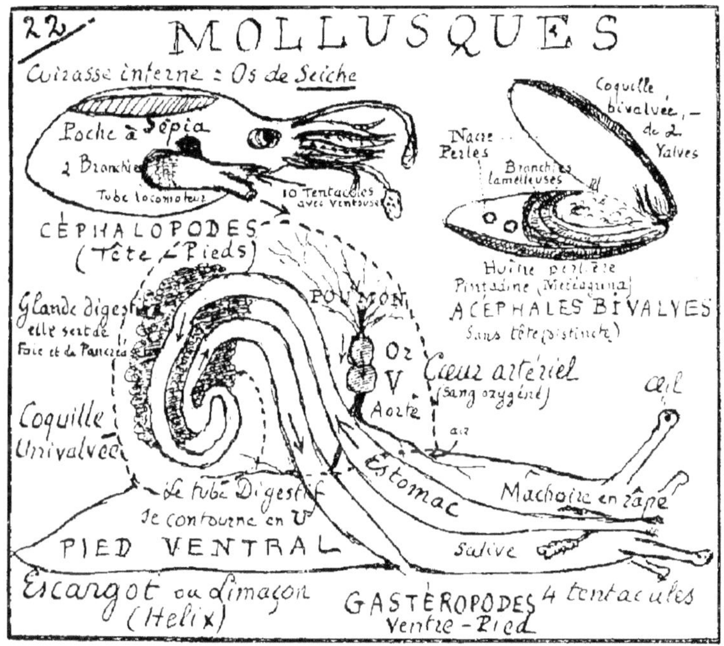

a 8 tentacules ; pas de coquille ; on le mange en Provence. La *Seiche* a 10 bras, dont 2 très longs se renflent en massues ; son encre est la « sépia ». Son dos est protégé par une petite cuirasse interne, « l'os de seiche ». L'extrémité du *Calmar* loge, aussi, une petite pointe osseuse, allongée en plume. L'*Argonaute* vogue dans une coquille ; deux de ses tentacules se renflent en rames ou balanciers, qu'il ne faut pas considérer comme des voiles. Le *Nautile* vit dans une coquille splendide, spiralée en chambres de plus en plus larges, avec siphon central, 4 branchies et des tentacules sans ventouses : c'est le type d'une famille qui a joué en Géologie un grand rôle. Ammonites et Bélemnites n'avaient que 2 branchies.

Les Gastéropodes (**Ventre-pied**) se traînent sur un pied ventral. Leur coquille étant d'une seule pièce, on les dit univalvés. Une soupape, ou Opercule, les met à l'abri, par exemple s'ils hibernent. La coquille est colorée en dessus de teintes plus vives parce que c'est la région exposée au soleil. Les mollusques marins ont une coquille plus hérissée, et ceux d'eau douce une coquille plus lisse : comparez Rocher et Planorbe. Quelques gastéropodes ont une sorte de poumon avec boutonnière ou stigmate d'entrée à droite : escargot et limace visqueux, lymnée et planorbe lacustres. Les autres respirent avec des branchies ; les plus connus sont : triton, harpe, porcelaine, cône, casque, toupie, sabot, haliotide.

Les Acéphales (**Sans tête**) n'ont pas de tête distincte, puisque les yeux, d'ailleurs rudimentaires, sont placés loin de la bouche. Leur coquille est formée de 2 valves ; ils sont **bivalvés**. On les nomme aussi **lamellibranches** parce que leurs branchies sont de simples lamelles. Les 2 valves de la coquille sont rapprochées par un muscle ou 2 : elles sont maintenues écartées par un ligament élastique. Quelques acéphales deviennent immobiles après avoir nagé dans leur jeune âge huître) ; d'autres ont un pied charnu qui rampe, terminé par un écheveau de soies (*byssus*) pour se fixer momentanément : le jambonneau, la moule. La principale base de l'Ostréiculture, c'est de fixer ies jeunes huitres dans les parcs en leur offrant des fagots, des briques. La Pintadine ou huître perlière, est pêchée dans le Golfe Persique, à Ceylan, en Amérique ; le plongeur place un grain de sable dans le mollusque entr'ouvert avec l'espoir de retrouver ce grain entouré d'une perle. Le Peigne de saint Jacques, emblème des pèlerins, ne sert plus qu'aux cuisiniers. Le Tridacne est un double bénitier : Venise a offert à Louis XIV les 2 valves longues de 1 m. que l'on admire à Saint-Sulpice. Quelques acéphales sont des **fouisseurs**, munis d'un double siphon l'un pour l'entrée, l'autre pour le rejet de l'eau : *Cœur, clovisse, manche de couteau, arrosoir.* En perçant le bois les **tarêts** sont fort nuisibles. La *Pholade*, très curieuse, entame les plus durs rochers ; symbole de persévérance, elle consume sa vie à percer le roc, non pas avec sa coquille, mais avec cette sorte de capuchon mou qui commence son corps phosphorescent.

XXXᵉ LEÇON

ZOOPHYTES

Cuvier nommait Zoophytes (Animaux-plantes) les êtres inférieurs, aquatiques, que nous allons étudier. Ce sont nettement des animaux qui possèdent la sensibilité et le mouvement volontaire ; et, d'autre part plusieurs ressemblent à des *fleurs* avec leur symétrie étoilée (anémone, corail, lys des eaux) : comme les plantes, beaucoup se reproduisent en *bourgeonnant* ; et, soudés par ce bourgeonnement, ils soutiennent leur communauté en produisant un support calcaire, qui ressemble à un *arbre de pierre* dont ils sont l'écorce vivante (polypier). On divise les zoophytes en rayonnés et protozoaires.

4ᵉ Embranchement :

RAYONNÉS.

Ce nom indique que leur corps présente la symétrie étoilée, rayonnée, à 5 rayons, ou 4, ou 6, tandis que dans les animaux précédents on dis-

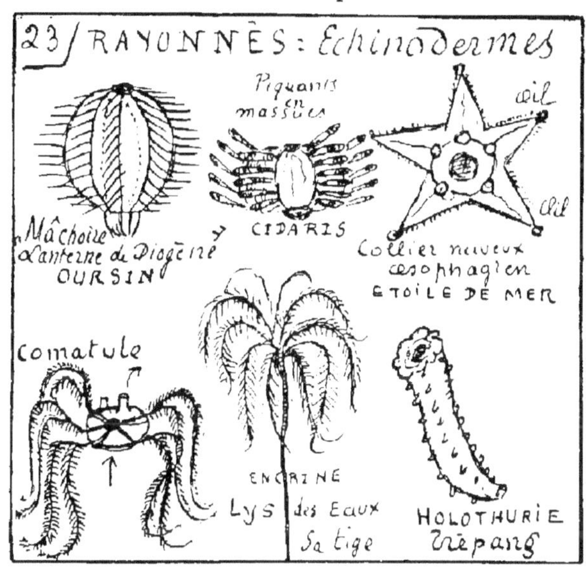

tingue un côté droit et un côté gauche, une symétrie paire, binaire, bilatérale. Sauf chez les premiers, le tube digestif n'a qu'une seule ouverture, bordée de tentacules. Pas de branchies : les régions molles respirent. Le sang se mêle avec l'eau : peu ou pas de ganglions, d'yeux rudimentaires, etc.

1ʳᵉ CLASSE : ÉCHINODERMES. — Mot à mot, à peau épineuse, car la carapace, ou test, est criblée de piquants. Elle est aussi percée, régulièrement, de trous qui livrent passage à 3 sortes de petits tentacules servant de palpes et de crampons, que l'animal gonfle d'eau pour ramper sur les rochers. Symétrie quinaire à 5 divisions ; ainsi un collier œsophagien formé de 5 ganglions. **L'oursin** ou

chataigne de mer, est armé d'une mâchoire formidable (lanterne de Diogène) comprenant 40 pièces dont 5 grosses dents, qui peuvent déchiqueter les proies les plus dures et entamer les rochers. Après avoir enlevé les 2 longs replis de l'intestin, on mange les 5 ovaires rougeâtres. Le Cidaris a de superbes piquants, renflés en massues. **L'astérie** ou **étoile de mer** : ses 5 branches logent 5 doubles cæcums et se terminent par des yeux rouges. Les **encrines** ou **lys des eaux** se balancent au fond des mers sur une sorte de racine. La *Pentacrine* à tête de méduse est le premier âge des *Comatules*. De nombreuses encrines fossiles ont formé des terrains (*le corallien*).

L'holothurie ou **concombre de mer**, de grande dimension avec branchies arborisées, est pêchée en Malaisie : les chinois recherchent ce mets desséché qu'ils nomment « *trépang* ». C'est une pêche importante, comparable à celle des sardines, puisqu'elle est évaluée à 30 millions de francs.

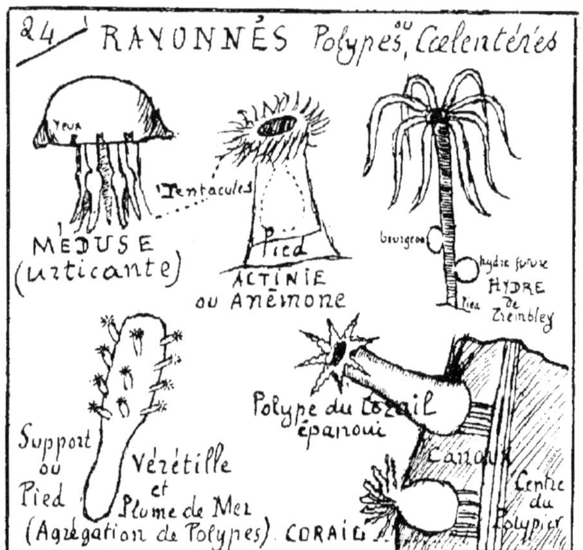

2ᵉ Classe. — Polypes. — Leur nom indique l'importance des tentacules creux qui entourent le seul orifice du tube digestif. Peu ou pas d'organes autres que cette cavité intestinale (cœlentérés) tantôt seule, et tantôt logée dans un sac, divisé en autant de compartiments qu'il y a de tentacules venant y aboutir. La plupart ont une **génération alternante**; ils ressemblent non pas à leur parents, mais à leurs grand'parents. Les individus libres se reproduisent par des œufs; il en sort des larves qui nagent, se fixent, s'immobilisent, bourgeonnent, et ces êtres soudés se subdivisent en individus libres. La **méduse** ou **ortie de mer** est une ombrelle gélatineuse transparente ; sa bouche, placée au centre du disque, est entourée de longs tentacules. A son contact on éprouve la sensation « urticante » de l'ortie, à la fois brûlure et engourdissement. La *chevelure de Bérénice* porte un grand nombre de « fils pêcheurs » qui produisent cette piqûre douloureuse, et empoisonnent les petites proies. Il faut remonter aux termites, pour trouver une subdivision du travail vital aussi curieuse que celle des **physalies**, gracieuses guirlandes, colonies flottantes d'êtres agrégés, munies pour voguer d'une grande vessie natatoire ou de nombreux calices remplis d'air. Certains individus servent de flotteurs, d'autres de nourriciers, les uns de boucliers défenseurs, les autres de fils pêcheurs « urticants », d'autres enfin produisent les œufs.

L'hydre d'eau douce, décrite par Trembley il y a 150 ans, ressemble à un fouet ; elle rampe très lentement sur une sorte de pied. Elle bourgeonne et porte longtemps ses descendants. On peut la retourner sans dessus dessous, comme un gant : et cela, à plusieurs reprises. Coupée en 10 morceaux, elle produit bientôt 10 hydres. L'**actinie** qui rampe de la même manière ressemble à une jolie fleur, l'**anémone**, avec ses nombreuses rangées de tentacules lisses. On admire dans les aquariums la beauté de ses couleurs tendres.

Les **Madrépores** et le **Corail** sont des polypes qui vivent agrégés par bourgeonnement ; quand l'un d'eux mange ou respire, toute la communauté en profite. Cette masse gélatineuse s'écraserait, et serait vite dévorée, si elle n'était douée de la faculté de produire un support pierreux, interne une sorte d'arbre calcaire, le **polypier**, dont elle est l'écorce vivante. Le plus beau polypier est celui du corail, spécial à la Méditerranée : on le pêche sur les côtes de Tunisie et d'Italie. On racle la surface pour enlever les aspérités, les excavations, et les canaux de communication. Chaque polype ressemble à une fleur blanche qui aurait 8 pétales festonnés : il possède sa petite logette ; il peut s'épanouir ou rester clos. Très beau, lui aussi, le *Tubipore-musique*, de couleur rouge, comparé à la flûte de Pan ou à l'orgue. Les Madrépores prospèrent dans les mers chaudes ; leurs polypiers y forment des rochers, des bancs des îles : Atolls. Parfois le polypier est corné, élastique : tel est celui de l'*Antipathe* ou « corail noir » et de la *Gorgone* en éventail. L'*isis* est alternativement calcaire et corné. La *Pennatule* ou *plume de mer* est une colonie phosphorescente portée sur un pied, qui s'enfonce dans le sable quand la communauté veut s'arrêter, et qui se retire quand elle désire se remettre à voguer.

3° Embranchement : PROTOZOAIRES

Les premiers créés, les plus simples animaux, tout au bas du règne animal. Peu ou pas d'organes : un sac servant de tube digestif et logeant les œufs. Une vésicule dont les contractions rappellent celles d'un cœur et font progresser l'animal. De sorte que les fonctions essentielles, sensibilité, mouvement, digestion, respiration, se confondent au sein de la *gelée animale (sarcode)*. **L'éponge** est une agglomération d'êtres mous, sans tentacules, munis de cils vibrants ; agrégation qui se consolide à l'aide de piquants *(spicules)* et d'un feutrage ou polypier corné. L'eau qui sert à la nutrition et à la respiration entre, de tous côtés, par les pores, traverse les canaux et sort par un petit nombre d'ouvertures centrales. Nous utilisons le polypier feutré, élastique, poreux, de belles espèces marines (Syrie, Archipel, Adriatique). De nombreux lavages enlèvent l'agrégation vivante, gélatineuse, et les piquants calcaires. On essaye d'acclimater les éponges de luxe en les transportant sur nos côtes de Provence et d'Algérie, avec des bateaux sous-marins toujours immergés sous l'eau. Les radeaux et les pilotis sont quelquefois enduits d'éponges molles, fluviatiles, à spicules siliceux, mais sans polypier. Quelques espèces rares ont un très beau polypier siliceux.

Les **Infusoires** vivent dans les eaux marécageuses et les infusions. L'air a disséminé leurs germes de tous côtes. Vue au microscope, une goutte d'eau saumâtre montre, pendant plusieurs semaines, une succession d'infusoires, alternativemnt libres et fixés, qui se dévorent mutuellement. Pour ce curieux spectacle rien ne vaut une infusion de foin. La bouche est garnie de cils vibrants ; l'eau entre en tourbillons, apportant la nourriture et l'oxygène. *Vorticelle* en cloche, avec support; *Stentor* libre, en trompette; *Volvoce* en boule qui tournoie. L'*Euglène* au long fouet, assez abondante pour colorer en vert un marécage, est susceptible de devenir rouge, ce qui ferait croire que l'eau se transforme en vin ou en sang. La majorité de ces infusoires est utile, car, pour vivre, ils absorbent mille débris impurs, ce qui assainit l'eau et l'air. Mais les *Anguillules* du vinaigre, de la colle et du blé sont nuisibles. Quant aux vibrions des virus infectieux, microbes et autres, les travaux de M. Pasteur engagent à les placer parmi les derniers végétaux : algues et champignons.

Les **Sarcodaires**, formés de la gelée vivante, ou sarcode, ne possèdent pas tous un tube digestif, une vésicule contractile et des œufs : et pourtant un semblant de sensibilité, une apparence de volonté engagent à les placer parmi les animaux. Les *Foraminifè-res* doivent leur nom à leur carapace, percée de trous réguliers. qui livrent passage à de très fins tentacules. L'accumulation de ces carapaces microscopiques est telle qu'elle élève peu à peu le fond de certaines mers : Antilles, Adriatique. La drague amène de ces profondeurs une boue crayeuse, ou craie en formation, dont un gramme renferme 30.000 carapaces. On s'explique ainsi que les foraminifères *fossiles* aient formé la craie autrefois, des falaises de craie dépassant 200 mètres !

Bref, ces infiniment petits ont joué un rôle infiniment grand. Quelques *Radiolaires* ont une carapace siliceuse qui a contribué à former le tripoli avec les algues nommées diatomées. C'est l'agglomération des *Noctiluques*, petites perles phosphorescentes, qui rend parfois la mer resplendissante comme un incendie : rarement sur nos côtes, souvent en Orient. Enfin, l'*Amibe* ou *Protée* est une masse sarcodique, informe, aux tentacules changeants, sans

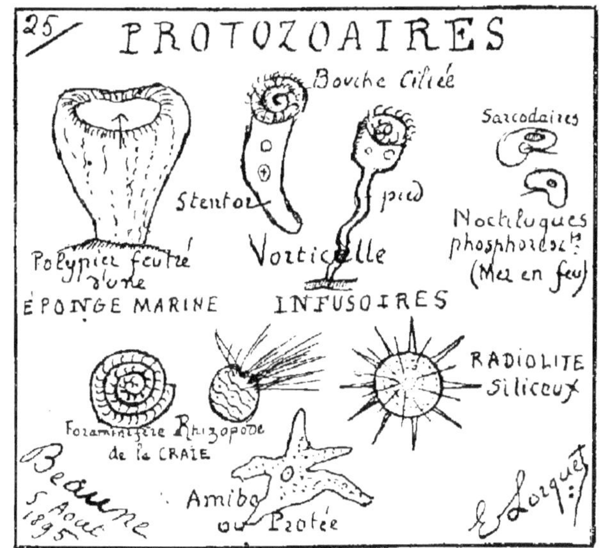

tube digestif, ni vésicule contractile, ni œufs. Avec lui, finit le règne animal.

Lecture. — Pêche du trépang, du corail, de l'éponge (Sonrel, pages 104, 120 ; Figuier, pages 174, 234).

TABLE DES MATIÈRES

TABLE DES PLANCHES

58.059. — Imp. A. Waltener — P. Legendre et Cie, Suc. — Lyon.